SAPINIÈRES

LE JARDINAGE PAR CONTENANCE
(MÉTHODE DU CONTROLE PAR LES COURBES)

PAR

A. SCHAEFFER
Ancien Conservateur des Eaux et Forêts
Ancien chef de la 5e Commission d'aménagement

A. GAZIN
Ancien Inspecteur des Eaux et Forêts
Administrateur des Forêts et Domaines d'Orléans

A. D'ALVERNY
Ingénieur-Agronome, Inspecteur principal des Eaux et Forêts

Membres correspondants de l'Académie Nationale d'Agriculture

LES PRESSES UNIVERSITAIRES DE FRANCE

SAPINIÈRES

SAPINIÈRES

LE JARDINAGE PAR CONTENANCE
(MÉTHODE DU CONTROLE PAR LES COURBES)

PAR

A. SCHAEFFER
Ancien Conservateur des Eaux et Forêts
Ancien chef de la 5ᵉ Commission d'aménagement

A. GAZIN
Ancien Inspecteur des Eaux et Forêts
Administrateur des Forêts et Domaines d'Orléans

A. D'ALVERNY
Ingénieur-Agronome, Inspecteur principal des Eaux et Forêts

Membres correspondants de l'Académie Nationale d'Agriculture

PARIS (Vᵉ)
LES PRESSES UNIVERSITAIRES DE FRANCE
49, Boulevard Saint-Michel, 49

1930

✝

A LA MÉMOIRE DE NOTRE AMI

LE MAITRE FORESTIER

FRANÇOIS DE LALLEMENT DE LIOCOURT

1860-1928

PRÉFACE

On se propose de donner ici l'exposé complet d'une méthode d'aménagement appliquée dans plusieurs forêts, dont quelques-unes sont considérables.

Elle dérive principalement de la tradition de GURNAUD (1) rapprochée des travaux de BRENOT (2) et de LIOCOURT (3), et mise au point par une pratique déjà longue. Elle n'est pas très éloignée, quant à son cadre, de celle que pratique, dans certaines régions, l'Administration forestière française, à deux points près : la courte rotation, la possibilité sans formule. Elle est plus voisine encore de celle admise dans la Suisse romande sous l'impulsion de M. Biolley. Par rapport au Contrôle proprement dit de Gurnaud, elle présente, avec des simplifications, deux particularités caractéristiques : suppression de toute intervention de taux d'accroissement, usage de courbes représentant les peuplements.

On trouvera ici peu de choses originales, à part la direction, qui manquait jusqu'à présent, vers l'équilibre du peuplement. Dans les ouvrages des auteurs cités plus haut comme dans nos propres recherches, bien des choses n'ont plus cours. Ce résumé fixe et coordonne ce qui a résisté à l'épreuve de l'expérience dans les différentes manières d'organiser, de perfectionner le jardinage.

Cette méthode est présentée sans prétention à une supériorité générale et simplement comme un fait : elle fonctionne.

On espère ici rester intelligible à toute personne instruite et possédant les éléments de la sylviculture. Pour répondre au désir de propriétaires qui ne sont pas familiers avec les traditions de l'Administration forestière, on est entré dans quelques détails d'humble pratique, que les professionnels voudront bien excuser. Pour se rapprocher, d'ailleurs, des habitudes de ceux-ci, on a distingué aussi nettement que possible ce qui est aménagement ou culture. Bien que les deux fonctions, d'aménagiste ou de gérant, soient souvent réunies sur la même tête, la séparation des pouvoirs a son intérêt.

D'autre part on a isolé l'essentiel de ce qui n'est que perfectionne-
ment, études ou mesures transitoires, pour faciliter l'application de
cette méthode aussi simplifiée que possible au cas où une gestion
raffinée ne paraîtrait pas réalisable. Le lecteur se gardera donc d'atta-
cher une importance essentielle au chapitre III, si les explications des
divers calculs paraissent d'abord ardues. Il doit les lire le crayon en
main. Qu'il en essaye un jour l'application à des exemples tirés de sa
propre forêt, quand il aura commencé de mettre la méthode en pratique : il verra que ces calculs sont beaucoup plus élémentaires et
rapides qu'ils n'en ont l'air, et il s'y attachera lorsqu'il en aura vu le
lien avec les réalités les plus vivantes, comme la veine du bois.

Nous devons beaucoup à l'expérience et aux avis amicaux de nom-
breux forestiers, professionnels ou particuliers, avec lesquels nous
avons travaillé : qu'ils soient tous remerciés en la personne de M. JOBEZ.

Deux traités récents ont paru sur la Méthode du Contrôle : le livre
de M. BIOLLEY contient une théorie physiologique complète du jardinage cultural (4) ; le Guide de M. BOREL (5), des détails pratiques de
gestion proprement dite qui nous ont permis d'être brefs ici. Ces deux
ouvrages s'associent très utilement au nôtre.

A. S. — A. G. — A. A.

OUVRAGES CITÉS

(1) A. GURNAUD : *Traité forestier pratique.* — (1re éd., Besançon, Jacquin, 1870), 3e éd. Paris, Librairie agricole de la Maison rustique, 1890.

Cahier d'aménagement pour l'application de la méthode par contenance exposée sur la forêt des Eperons. — Paris, J. Tremblay, 1878.

La sylviculture française. — Paris, Maison rustique et Besançon, P. Jacquin, 1884 (entre autres ouvrages).

(2) L. BRENOT : *La Méthode expérimentale appliquée aux forêts.* — Besançon, Dodivers et Cie, 1892.

Vingt-cinq années dans le service des aménagements. — Morteau, Genre frères, 1907.

(3) F. DE LIOCOURT : *De l'aménagement des sapinières.* — Bulletin de la Société forestière de Franche-Comté et Belfort, Besançon, juillet 1898.

Sapinières. — Fascicule autographié non mis dans le commerce, 1900.

Conférence de Gérardmer à la Société de Franche-Comté et Belfort. — Bulletin de septembre 1902.

(4) H. BIOLLEY : *L'aménagement des forêts par la méthode expérimentale et spécialement la méthode du contrôle.* — Neuchâtel et Paris. Attinger frères, 30 Boulevard Saint-Michel. 1920.

(5) W. BOREL : *Guide pour l'application du contrôle aux futaies jardinées.* — Besançon. Imprimerie Jacques et Demontrond, 1929. — Chez l'auteur à Genève et chez M. Emile Romand, à Châtel-de-Joux, par Clairvaux (Jura).

SAPINIÈRES

CHAPITRE PREMIER

PRINCIPES

Le régime ou traitement, c'est la manière de cultiver la forêt et, principalement, d'y faire les coupes.

L'aménagement, c'est l'organisation de la forêt pour qu'elle fournisse un revenu régulier.

§ 1

Le régime du jardinage cultural est la raison d'être de la méthode d'aménagement dite du contrôle. GURNAUD (1825-1898) a défendu le premier en même temps qu'il créait la seconde pour organiser ce régime et pour y voir clair.

On peut d'ailleurs pratiquer le jardinage sans contrôle. Mais on ne peut pas comprendre cette méthode d'aménagement sans avoir en vue ce régime de culture, et on l'appliquerait alors à faux.

Le jardinage cultural concerne toute futaie d'âges mélangés et, par exemple, la futaie claire feuillue. Mais on le considère ici spécialement par rapport aux futaies irrégulières de Sapin, d'Epicea, de Hêtre avec, accessoirement, d'autres essences en mélange.

Il a pour but l'entretien et l'amélioration d'un peuplement de tous âges, entr'ouvert, étagé, mélangé, en régénération continue ; il y parvient par des coupes légères et fréquentes, faisant sélection des meilleurs arbres et prévenant, en leur faveur, la lutte contre les autres.

En d'autres termes, le jardinage cultural a pour principes :

1º la permanence du peuplement, sans à-coups ;

2º la liberté des cimes par un espacement suffisant ;

3º l'étagement des cimes, le couvert bas du sol, le gain en hauteur ;

4º la régénération continue, mais réduite à la proportion juste suffisante ;

5º la coupe de sélection individuelle dans toutes les classes de grosseur, selon la formule de M. VESSIOT : « passer très souvent et enlever chaque fois ce qui gêne. »

§ 2

La méthode du contrôle, en tant qu'aménagement, a pour bases :

1º le travail par parcelles entières et indépendantes ;

2º une très courte rotation ;

3º la mesure de la production en volume par comparaison d'inventaires périodiques ;

4º la récolte par la coupe égale à cette production si la forêt est normale ; sinon, économies ou réalisations ;

5º la recherche du matériel le plus avantageux par expérience sur le peuplement lui-même. Ainsi :

Pas de révolution, et pas même d'exploitabilité fixée d'avance : tout arbre est exploitable quand il gêne un meilleur que lui et, bien entendu, d'abord s'il dépérit.

On ne décrète pas une possibilité calculée : on récolte d'après la production constatée. Au surplus, on coupe d'abord en vue de laisser le peuplement meilleur qu'il n'était auparavant, comme un jardinier taille ses arbres fruitiers sans regarder au bois qui tombe. La possibilité en volume n'est qu'une indication de l'expérience pour faire l'opération dans la mesure convenable : indication nécessaire et impérative, mais à titre de moyen, non de but.

Pas de spéculation à longue échéance : des prévisions de récolte fréquemment révisées.

Dans quel but financier ? L'accroissement maximum en valeur, avec la moindre accumulation de matériel qui puisse en assurer la permanence.

Ces caractéristiques générales se traduisent par des dispositions d'ordre et détails d'exécution plus ou moins essentiels. Il convient de voir d'abord la méthode au cours de son fonctionnement courant le plus simple dans une forêt à peu près normale ; ensuite seulement les perfectionnements, les particularités de début et celles applicables aux peuplements anormaux.

CHAPITRE II

SERVICE COURANT

§ 3. Assiette

La forêt est partagée en parcelles (ou « divisions ») d'étendue commode (5 à 10 hectares, rarement davantage) par des lignes naturelles et des chemins, si possible. On asseoit la division lisiblement sur le terrain. On fait un bon plan. On détermine la contenance brute et la surface nette boisée de chaque parcelle ; et tous les calculs se rapportent à la surface nette boisée.

La parcelle est l'unité tactique, l'assiette indivisible de la coupe ainsi que des comptages. Les coupes sont donc assises rigoureusement par contenance. L'exploitation totale d'une année peut d'ailleurs porter sur un nombre quelconque de parcelles entières, selon les ressources de chacune d'elles.

La succession des coupes sur le terrain est absolument indifférente, puisque 'es peuplements sont maintenus à densité à peu près constante. Il est souvent plus pratique de ne pas faire voisiner les exploitations de deux années consécutives si l'on peut les disperser, pour éviter des mélanges entre adjudicataires voisins et des difficultés de chemins.

§ 4. Comptages

a) Époque. — On fait l'inventaire du matériel de chaque parcelle immédiatement avant son tour de coupe.

Opérer en temps de repos de la sève, d'octobre à mars, un peu plus tôt en septembre ou un peu plus tard en avril selon les régions, afin d'attribuer sans incertitude à la saison écoulée tout l'accroissement mesuré. Le comptage prend la date de la saison de végétation terminée : s'il est fait, par exemple, le 20 mars 1928, il s'appellera inventaire 1927 : il comprend l'accroissement de 1927.

b) Classement. — Les arbres sont groupés par catégories, soit de 20 centimètres de circonférence, soit, dans la plupart des régions, de 5 centimètres de diamètre ; la catégorie est désignée par sa dimension moyenne ; par exemple, par circonférences, la première catégorie qui entre dans les comptes est celle de 60 centimètres, qui comprend tous les arbres de 50 à 70 centimètres de tour ; et, par diamètres, celle de 20 centimètres, qui va de 17ᶜ5 à 22ᶜ5.

On appelle *classes*, lorsqu'on le juge utile, un groupement de catégories en petits arbres, moyens et gros. Ce classement conventionnel du contrôle est celui-ci :

Par diamètres : *Petits*, catégories 20ᶜ, 25ᶜ, 30ᶜ ; *Moyens*, catégories 35ᶜ, 40ᶜ, 45ᶜ et 50ᶜ ; *Gros*, catégories 55ᶜ et au-dessus.

Par circonférences : *Petits*, catégories 60ᶜ, 80ᶜ, 100ᶜ ; *Moyens*, catégories 120ᶜ, 140ᶜ, 160ᶜ ; *Gros*, catégories 180ᶜ et au-dessus.

Malheureusement, les classes de ces deux systèmes ne peuvent pas se correspondre exactement ; et le système par circonférences commence aussi le comptage un peu plus bas que le système par diamètres. On ne saurait trop conseiller l'adoption du diamètre, seul usité dans la plupart des pays, à tous ceux qui ne sont pas déjà engagés dans les comptages par circonférences. Le diamètre, en fait, est ce que l'œil et le compas saisissent directement ; la mesure de la veine du bois ou du temps de passage à la tarière de Pressler ne se transposent en circonférences que par un détour de calcul ; enfin la considération de l'espacement normal des cimes se traduit par un rapport plus simple en diamètres (1).

Les perches et brins de dimensions inférieures à la première catégorie classée sont censés ne pas appartenir à la futaie et n'entrent pas dans les cubages.

c) Instruments. — On emploie toujours le compas, même si l'on classe les arbres par circonférences. De petits compas légers, ne dépassant pas 75 centimètres comme longueur de règle, sont plus agréables, s'usent peut-être moins que les lourds instruments dont on s'embarrasse en montagne ; et comme les arbres plus gros sont relativement peu fréquents, on ne perd guère de temps à les mesurer à l'aide d'un décamètre et d'un poinçon, par leur circonférence.

Les compas enregistreurs rendent les plus grands services en évitant les fautes d'appel et de pointage et en économisant le salaire du pointeur lui-même. On en construit de deux modèles : le type Jobez, imprimant le chiffre de la catégorie sur une bande de télégraphe Morse ; le type Borel, piquant directement des points à l'ouverture du compas sur un papier qui couvre la règle. Ils sont chers (2) parce qu'on ne les fabrique pas en grande série ; et pourtant, leur prix est récupéré au bout de 100 à 150 hectares de comptages. Ils sont lourds, et leurs bandes de papier donnent des ennuis les jours de pluie ; mais il est juste de noter que le travail avec appel et pointage n'est pas bon non plus par trop mauvais temps.

<hr>

(1) On trouvera aux annexes (I et II) la manière, assez pénible, de transposer un inventaire pris par circonférences en inventaire par diamètres, et réciproquement.

(2) Compas JOBEZ : 500 francs. Poids 2 kg. 900. M. Ch. Pécaud, horloger-constructeur, à Morbier (Jura). Voir *Bulletin de la Société forestière de Franche-Comté et Belfort*, décembre 1892.

Compas BOREL, environ 350 francs. Poids 1 kg. 700. M. W. Borel, Inspecteur des Forêts à Genève.

Petit compas ; environ 40 francs. Poids 400 grammes (non enregistreur).

On divise la règle du compas en cases correspondant au système de classement, le milieu de la case à la dimension qu'on appelle et les traits de séparation aux dimensions limites. Ces limites et le numérotage des cases sur la règ e sont es suivants :

Par diamètres : 125^{mm} (**3** ou Perches) 175^{mm} (**4**) 225^{mm} (**5**) 275^{mm} (**6**) 325^{mm} (**7**) 375^{mm} (**8**) 425^{mm} (**9**) 475^{mm} (**0**) 525^{mm} (**11**) 575^{mm} (**12**) 625^{mm} (**13**) 675^{mm}, etc.

Par circonférences : 95^{mm} (**40** ou Perches) 159^{mm} (**60**) 223^{mm} (**80**) 286^{mm} (**100**) 350^{mm} (**120**) 414^{mm} (**140**) 477^{mm} (**160**) 541^{mm} (**180**) 605^{mm} (**200**) 668^{mm} (**220**) 732^{mm} (**240**) 796^{mm} (**260**) 859^{mm} (**280**) 923^{mm} (**300**) 987^{mm}.

Sur la règle du compas, légèrement rainée pour éviter le frottement, ces cases sont peintes entre leurs limites alternativement blanc et rouge-clair (ou orangé : couleurs les plus visibles) ; elles portent en noir le numéro de case, sans aucun trait de centimètres ni repère au milieu. On prescrit aux compteurs d'appeler sans appréciation la case dont la branche mobile découvre, si peu que ce soit, la couleur.

Les numéros conventionnels sont préférables aux nombres en centimètres, pour éviter des erreurs d'audition particulièrement fréquentes sur les nombres se terminant en « ante » et par « cinq ». Dites : *Neuf* ! au lieu de 45 ; *Zéro* ! (et non pas *dix* qui se confond avec *six*) au lieu de 50. Toutes conventions d'intonations ou de syllabes supplémentaires distinctives sont heureuses pour améliorer l'appel.

La griffe pour marquer les a b es sera de préférence une griffe à manche en anneau.

d) Opération. — Les ouvriers marchent par virées de niveau et progressent de bas en haut de la côte, griffant e: mesurant l'arbre du côté d'amont, parce qu'on évite ainsi davantage l'empattement des racines et qu'on est mieux planté sur ses jambes au-dessus de l'arbre qu'au-dessous.

On marque d'abord l'arbre à hauteur de poitrine d'un court repère horizontal, à la griffe, sur l'écorce ; on le mesure ensuite et on l'appelle, le compas en place. Aux comptages successifs du même arbre, plus tard, et au martelage, si on l'exploite, la règle du compas sera appliquée de même, exactement sur le repère, pour assurer au compas la même position. Il faut donc que le repère soit bien horizontal pour ne pas provoquer le compas à une fausse position ; et c'est pourquoi encore il vaut mieux qu'il soit court, dans la limite de visibilité.

Au second comptage, on rafraîchira le coup de griffe après avoir appelé l'arbre.

e) *Durée et prix.* — Une équipe de 3 compas et un pointeur peut, en terrain montagneux, en peuplement dense, compter un peu plus d'un hectare à l'heure, perches comprises ; une équipe de 2 compas et 1 pointeur, naturellement moins. Cette moyenne de 4 heures de travail par hectare s'abaisse en terrain plus facile et en peuplement clair. Une équipe nombreuse est nuisible ; on ne doit même admettre trois compas pour un pointeur qu'avec des ouvriers très intelligents exercés à travailler ensemble.

Ainsi, aux prix actuels et en tenant compte de la périodicité des inventaires, ceux-ci grèvent la gestion d'une forêt de 2 francs environ par hectare et par an.

f) *Étendue des comptages.* — Il est recommandable, toutes les fois qu'on le peut, de pousser le comptage aux dimensions de perches, catégories de 15 centimètres de diamètre ou de 40 centimètres de circonférence, bien qu'on ne les cube pas, à titre de renseignement sur le passage à la futaie. Les prix ci-dessus s'entendent du travail ainsi fait, perches comprises.

Le comptage ne doit pas porter sur les parties de forêt qui restent en dehors des exploitations régulières (zone alpine ou de protection, s'il en est une) et dont le matériel, par conséquent, ne contribue pas à la récolte. Ces parties inexploitables commercialement sont des parcelles distinctes, hors de l'aménagement par contrôle.

g) Représentation. — L'inventaire fait, on réduit les nombres de tiges, par catégories, à l'hectare net boisé, et l'on trace, sur une feuille de papier quadrillé, la courbe ou ligne brisée représentant le peuplement, avec les grosseurs pour abscisses et les nombres pour ordonnées (1).

On a distingué les essences : Sapin, Epicea, Hêtre, Divers ; s'il y en a des proportions considérables, il est facile de les représenter les unes au-dessus des autres. Par exemple, sur la figure 3 ci-après (Voir § 7), le Sapin occupe le bas ; les Hêtres et divers, au-dessus, ont pour nombres de tiges à chaque catégorie la différence d'ordonnées ; et la courbe du haut est celle du nombre total des tiges.

h) L'inventaire n'exprime pas tout ; il ne dispense pas d'une brève *description de parcelle* portant surtout sur :

1º l'état de la régénération et son développement ;

2º la qualité du matériel ;

3º sa répartition. On peut avoir, en effet, sur la moitié de la surface, de jeunes bois ne donnant presque rien au compas, et sur le reste un matériel trop dense, tandis que la moyenne semblera pauvre. On peut avoir aussi des surfaces assez considérables peuplées de Hêtre pur, par exemple, en petits bois n'accusant qu'un volume insignifiant. Une statistique uniquement basée sur les volumes inventoriés peut ainsi donner une idée fausse de la proportion des essences.

(1) F. DE LIOCOURT, *Op. cit.*, 1898.

N. B. : Les figures de cet ouvrage sont réduites à 1/2 grandeur. L'échelle la plus commode est, sur papier quadrillé au millimètre, 1 tige par mm. en ordonnées ; avec les catégories de grosseur en abscisses, à 1 cm. d'écart.

§ 5. — Cubage

On adopte un tarif *fixe* à simple entrée pour l'évaluation des volumes sur pied. Ce tarif peut être, par exemple, l'un des tarifs gradués Algan (1).

Il restera immuable pour tous les comptes de la parcelle à travers le temps et ainsi, même s'il est exact au début pour la moyenne des arbres de son peuplement, il pourra cesser de l'être et devenir, un jour ou l'autre, *conventionnel.* D'ailleurs, il ne distingue pas les essences. Cela n'a pas d'inconvénient, parce qu'on corrige le cube conventionnel, ainsi obtenu, par des facteurs expérimentaux qui ramènent à l'estimation correcte (Voir § 10).

L'école de Gurnaud a poussé ce principe jusqu'à l'adoption d'un tarif, non seulement conventionnel, mais *unique* pour toutes les parcelles et toutes les forêts. Cela facilite la comptabilité et permet des comparaisons instructives. D'ailleurs, afin d'éviter toute confusion, on appelle *sylve* (sv) cette unité d'aménagement qui n'est pas partout un mètre cube réel.

Le tarif sylve, depuis sa construction (1892) par MM. Biolley, de Blonay et Jobez, a été reconnu comme plus exactement proportionnel que les tarifs Algan aux volumes vrais du Sapin, et cela par des vérifications nombreuses sur tous les arbres abattus, dans les forêts de propriétaires exploitant eux-mêmes. Il se rapproche fort du tarif réel, branchage compris, dans les forêts d'assez belle végétation où les arbres ont un peu plus de 30 mètres de hauteur maxima. Il en existe des barêmes très commodes. On trouvera aux annexes (III à X) ce tarif avec sa correspondance du diamètre à la circonférence, et ses accroissements utiles aux calculs.

(1) Il. ALGAN, « Tarifs de cubage ». — *Bulletin de la Société Forestière de Franche-Comté et Belfort,* nº 2, juin 1901. Voir Annexe VI.

---

§ 6. — Contrôle en bloc.

Soit MF (en sylves) le volume du matériel final 1925 ;
» MI   (en sylves) le volume du matériel initial au comptage
                précédent, 1920 ;
» C   (en sylves) le volume de tous les bois exploités dans
                l'intervalle, tant à la coupe (1921) qu'en chablis
                s'il en est produit ; le tout mesuré et cubé exac-
                tement comme au comptage ;
la *production totale* de la parcelle en 5 ans (1921 à 1925 inclus)
est simplement :

$$P = MF - MI + C.$$

C'est elle qu'on se propose de récolter, sauf nécessité d'économies ou de réalisations.

Si l'on compte en pieds d'arbres, en retranchant C de MI,
ce qui donne le matériel resté sur pied au début de la période
de contrôle, et en lui comparant MF, on constate en MF un
plus grand nombre de tiges. Ces tiges nouvelles sont celles
passées à la futaie (PF), qui n'avaient pas encore la dimension
précomptable au comptage initial et qui l'ont au comptage
final. Ce passage à 'a futaie, ou balivage, est considéré par certains comme ne faisant pas légitimement partie de l'accroissement, s'ils envisagent le matériel initial comme capital pro-
ductif d'intérêts ; mais il n'en est pas moins une production
du sol, et la justesse de la formule de calcul en bloc reste entière.
Il est cependant très important, pour surveiller l'évolution du
peuplement, de distinguer et calculer ce passage à la futaie, car
il doit rester sensiblement constant et, dans un peuplement en
équilibre, égal au nombre d'arbres exploités.

On peut aussi bien ajouter C à MF et comparer à cette somme
MI. Cela peindrait, ici, moins fidèlement la situation ; mieux
au contraire, si la coupe, au lieu de suivre immédiatement l'in-

ventaire initial, avait précédé de peu l'inventaire final. Cela ne change rien, bien entendu, aux différences, production et passage à la futaie, puisque, identiquement

$$(MF + C) - MI = MF - (MI - C).$$

Exemple de calcul : Forêt de H-C, parcelle 2(4 ha., 84) 1920-1925.

MI 1920 (comptage de février 1921) :	1.493 plantes, cubant..........	1.638 sv 6
Coupe 1921 »	— 175	— 243, 0
Matériel initial réduit..............	1.318 »	1.395, 6
MF 1925 (comptage de février 1926) :	1.424	1.707, 4
Production en bloc	....	311, 8
Passage à la futaie : ....106 plantes, cubant		
(à 60 centimètres de circonférence)		25, 7
Différence, accroissement du MI		286, 1

Production par an : $\dfrac{311,8}{5} = 62$ sv, 4.

Production par hectare et par an : 1 /4,84 $= 13$ sv dont 11,8 du MI
et 1,2 de P.F.

Passage à la futaie insuffisant, puisque 106 plantes nouvelles ne remplacent pas 175 plantes coupées.

Au début, lorsqu'on ne possède qu'un seul comptage, on évalue la production provisoirement par d'autres moyens. Voir § 14.

§ 7. Prévision de coupe

Elle a pour base la comparaison du peuplement présent à un *idéal* qui est le peuplement jugé capable du rapport soutenu le plus avantageux dans les conditions présentes (M. Biolley le nomme : étale).

La définition, sous une forme ou sous une autre, de cet idéal, est une partie essentielle de la tâche de l'aménagiste : ce sera celle du gérant d'en rapprocher le peuplement par la coupe.

L'idéal est local et provisoire. L'aménagiste est guidé, dans sa définition, par des lois naturelles, par son expérience générale et par les expériences successives résultant de l'application du contrôle à cette forêt elle-même, comme il sera expliqué plus loin (§§ 17 et suivants).

L'aménagiste définira son idéal provisoire par la *densité* globale en sylves à l'hectare net boisé, et par la *gradation* des nombres de tiges par catégories. Il fixera le nombre de tiges de la plus petite catégorie inventoriée qui lui paraît assurer un recrutement suffisant. Il précisera la dimension au-delà de laquelle il ne convient pas de conserver les gros arbres dans la station considérée, soit parce qu'ils n'atteignent pas cette dimension en pleine vigueur, soit que des difficultés particulières de débardage en diminuent la valeur. Enfin il dessinera ses propositions sous la forme d'une courbe des nombres de tiges à l'hectare par catégories, à la même échelle que les courbes représentant l'inventaire présent des différentes parcelles, et de façon à les pouvoir superposer. Il dira si cette courbe et la densité qu'il fixe se rapportent au matériel final ou moyen.

L'idéal défini et comparé à l'état présent, l'aménagiste discutera avec le propriétaire la question financière : Faut-il couper autant, plus ou moins que la production constatée (§ 6) ?

Si le matériel est inférieur en densité à la normale et si les jeunes y dominent, coupez moins ; si le couvert est fermé et que les gros dominent, dépassez l'accroissement courant.

Mais encore, de combien ? — Est-il besoin d'économiser ? On ne peut pourtant pas arrêter toute exploitation. Il est rare que l'éclaircie-nettoyage nécessaire périodiquement ne demande pas la moitié de la production. Si des réalisations s'imposent, au contraire, elles ne peuvent pas faire prendre le double de la production sans entraîner des coupes d'une intensité exagérée pour le régime du jardinage ; et pourtant, s'il y a excès de bois âgés, il faut aussi supputer combien de temps ils peuvent attendre sans perdre de leur valeur.

Des détails seront donnés à ce sujet au § 17.

Il y a, dans ces jugements, marge assez grande pour tenir compte des circonstances et des besoins. La forêt est une excellente caisse d'épargne : la facilité du retrait est la justification même de l'appel à l'économie ; il est légitime d'en user ainsi, en restant dans les limites des nécessités culturales.

De tout cela résultera une décision : la *possibilité* annuelle (sur toute la forêt pendant la prochaine rotation), et la *taxe* ou volume à réaliser dans chaque parcelle selon l'état particulier de celle-ci.

D'autre part, l'aménagiste aura prévu l'*intensité* de l'exploitation, en réglant la rotation comme il va être dit au § 8.

La seconde partie de la prévision de coupe est un conseil à l'adresse du gérant sur la *forme culturale* de la coupe : comment recruter cette possibilité ? — La réponse est donnée par la gradation ou forme de la courbe présente comparée à l'idéale.

Dans un peuplement jardiné normal, qu'on veut conserver tel, il est nécessaire de faire porter la coupe également sur toutes les catégories de grosseur, parce que des arbres de toute grosseur, en grandissant, deviennent gênants et doivent être éliminés. L'opération culturale consiste donc là, en principe, à récolter ce dont chaque catégorie de grosseur s'accroît, pour ramener le massif à son point de départ, qualitativement comme quantitativement.

Dans les peuplements anormaux, l'opération culturale se traduira par un martelage plus sévère des catégories en excédent. Il ne s'agit pas de découper le peuplement sur le patron idéal, mais de faire l'opération opportune. Or la superposition de la courbe normale à celle du peuplement présent fait apparaître immédiatement l'anomalie de ce peuplement, s'il en est une ; et après vérification sur le terrain de l'état ainsi décelé, le conseil cultural se confirme (Voir § 18).

En voici les trois cas les plus typiques :

Figure 1 : prédominance des petits. — Opération indiquée : Eclaircie, coupe d'espacement.

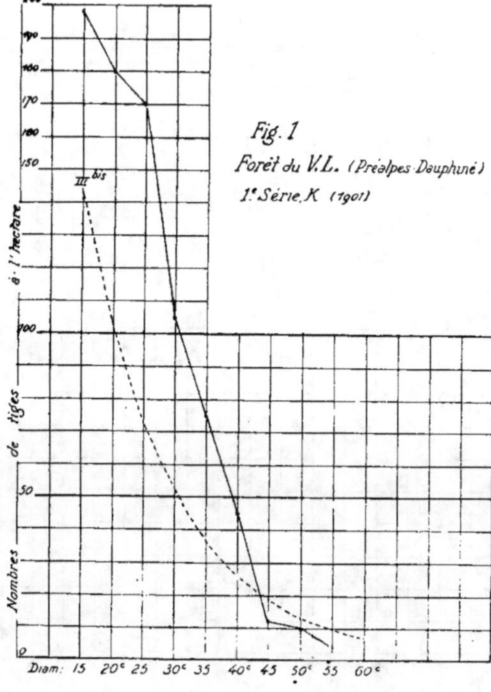

Figure 2 : prédominance des moyens. — Coupe d'étagement ;
chasse à l'« arbre intermédiaire ».

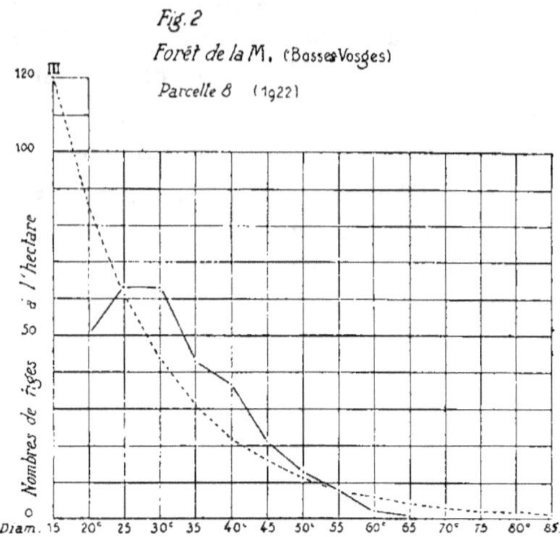

Figure 3 : prédominance des gros. — Régénération ; guerre
au dépérissant.

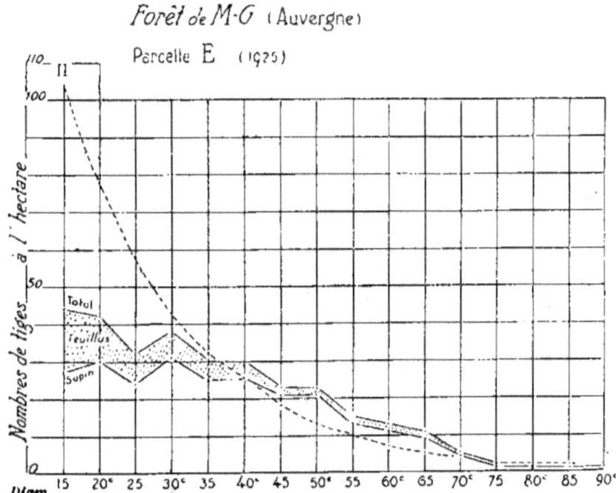

Relevé des peuplements figurés.

Catégories de diamètre	Fig. 1		Fig. 2		Fig. 3		
	V-L, (K¹) 1901 Epicea	Type III *bis*	M, (8) 1922 Sapin	Type III	M-G, (E) 1925		Type II
					Sapin	Feuillus	
centimètres							
(15)	(198)	(144)	»	(120)	(27)	(16)	(105)
20	180	103	50	86	30	12	78
25	170	73	63	61	24	8	58
30	105	53	63	44	31	7	43
35	75	37	43	31	25	5	32
40	45	26	37	22	25	5	24
45	12	19	21	16	21	2	18
50	10	13	13	11	21	2	13
55	4	10	8	8	13	2	10
60	0	7	2	6	11	2	7
65	0	0	1	4	9	2	5
70	»	»	0	3	4	1	4
75	»	»	»	2	1	1	3
80	»	»	»	2	1	0	2
85	»	»	»	1	1	0	2
90	»	»	»	0	1	0	1
Total N...	601	341	301	297	218 + 49		300
Volumes..	387 sv	295 sv	288 sv	310 sv	421 sv		358 sv

Sapinières.

2

§ 8. Rotation

La *rotation* ou périodicité des coupes est limitée : par la nécessité pratique d'une exploitation suffisante, d'une part ; et d'autre part, par l'obligation culturale de ne pas modifier gra-vement l'état de massif : plus précisément, de ne pas abattre plus de 1/5 en volume. Il vaut mieux n'abattre que 1/6 à la fois ; 1/7 est une coupe très légère, difficile à faire ; 1/4 commence à être dangereux.

Si donc on a décidé de couper, par exemple, 8 sv par hectare et par an dans un matériel voisin de 300 sv à l'hectare, dont le 1/5 est 60 sv, on pourra exploiter à la fois 7 ou, au maximum, 8 possibilités annuelles (8 × 8 sv = 64) : c'est-à-dire qu'en ce cas, la rotation ne devra pas dépasser 8 ans.

La plus courte possible est la meilleure au point de vue cul-tural. La pratique de Gurnaud s'était fixée sur 5 ou 6 ans. Comme il est naturel de revenir plus souvent dans un peuple-ment de végétation plus active, c'est une bonne mesure de se baser sur le temps de passage qui correspond à cette activité (Voir § 14, 16), et de prendre pour rotation la moitié du temps de passage moyen : 5 ans si la moyenne des arbres croît d'une catégorie de 5 centimètres de diamètre en 10 ans ; 6, 7, 8 ans dans les cas les plus ordinaires ; 10 ans si la végétation est assez lente pour que ce temps de passage atteigne 20 ans. 10 ans est une longue rotation pour le jardinage cultural ; elle ne devrait être dépassée qu'exceptionnellement.

Telle est la règle. En voici l'application, par le règlemen d'exploitation, résumé du contrôle de la production, de la rotation choisie et de la prévision de coupe. Il est rédigé par l'aménagiste sous la forme la plus simple, par exemple celle du tableau suivant :

Règlement d'exploitation

Ordre des parcelles	Contenance nette	Volume total	Volume présumé réalisable	Année de coupe prévue
	hectares	sv	sv	
A	8	2.500	500	1931
G	4	1.100	200	1931
B	12	3.800	750	1932
H	7	2.000	400	1933
C	7	1.500	250	1933
J	8	2.000	400	1934
D	5	1.800	350	1934
K	6	1.800	350	1935
E	5	1.800	350	1935
L	6	1.200	200	1936
F	12	2.500	400	1936
M	6	2.000	400	1937
N	4	1.500	300	1937
Totaux	90 ha	25.500 sv	4.850 sv	Possibilité : 700 sv

Forêt de 90 hectares ; matériel moyen à l'hectare : 283 sv : à enrichir un peu. Total des dernières productions constatées en 6 ans : 5.000 sv, soit par an 833 sv. Décision d'économiser 133 sv par an, d'où possibilité : 700 sv.

On range les parcelles par ordre d'urgence de la coupe, et de commodité.

Les volumes présumés réalisables ont été décidés à raison de 20 % du matériel pour les parcelles à peu près normales, et de moins pour les parcelles pauvres. Leur total, 4.850 sv, se trouve correspondre à 7 possibilités environ. La rotation prévue est donc de 7 ans, et les parcelles sont affectées aux années 1931 à 1937 de manière à équilibrer grossièrement les revenus.

On n'attache pas une importance excessive aux écarts inévitables : les variations du cours du bois rendent toujours vaine la poursuite de trop de précision dans le revenu en matière.

§ 9. La coupe

Le gérant de la forêt, au martelage, est tenu d'abord de parcourir toute la parcelle en tour ; ensuite d'y prendre, par sélection et en se conformant à l'indication culturale, un volume voisin de la taxe assignée par l'aménagiste.

Faire cela n'est ni impossible, ni même difficile à qui connaît son métier et sa forêt. On trouvera ci-après quelques conseils à ce sujet.

La règle est d'avoir la main légère, et d'approcher du cube plutôt par défaut. D'ailleurs on accordera, en vue de circonstances culturales échappant à l'aménagiste, une large tolérance, 20 % en plus ou en moins sur la taxe d'une parcelle. Des compensations s'établissent quand on coupe plusieurs parcelles par an, et le total approche du revenu moyen à beaucoup moins que 20 % près (Voir § 13).

A l'inverse du comptage, en montagne, on commencera la parcelle par le haut, pour mieux voir les cimes. Après avoir mesuré l'arbre en dessus, où il est griffé, comme au comptage, on le martèle du côté de la pente, on l'appelle, le pointe sur le calepin ; et on cube le total en sylves, pour la comptabilité du contrôle.

Pour l'estimation, on applique à ce cube en sylves, en bloc ou par essences, un facteur de correction, résumé de l'expérience des exploitations précédentes de cette parcelle (Voir § 10), et l'on obtient ainsi la probabilité la plus sûre du volume réel ou commercial à vendre.

Conseils de culture. — Tous les peuplements ne sont pas susceptibles de jardinage : dans une futaie régulière, d'un seul étage, on ne peut pas, il ne faut pas conserver les moyens : ce sont ordinairement des attardés, à cimes frottées et étriquées, aussi vieux que les gros, incapables de se ranimer et même, dégagés, de tenir debout ; ils ne deviendront jamais plus des gros : il faut repartir du semis. Ainsi le jardinage d'un peuplement régulier est subordonné à une véritable *conversion*, dont il faut d'abord décider si elle est opportune.

Il n'est ordinairement pas dangereux, au point de vue des vents, de mettre un peuplement régulier à l'état clair, en plusieurs opérations, isolant les belles cimes, enlevant tous les attardés : c'est la coupe d'ensemencement ; elle n'a d'autre péril que l'enherbement. Plus tard, lorsque les taches de semis auront apparu, on les favorisera par petites trouées progressivement agrandies. C'est le moment dangereux pour les chablis si la première opération, l'isolement, n'a pas été assez progressive pour que les réserves développent à la fois leurs racines et leurs cimes. Il faut donc s'y être pris de bonne heure, sur des futaies relativement jeunes. Lorsque les bouquets de fourrés seront assez hauts pour couvrir le tronc des réserves et boucher le massif par le bas, on pourra décider, si ces réserves sont encore vigoureuses, de n'en pas faire coupe définitive et, alors seulement, on parlera de jardinage.

Ainsi faut-il traiter, chacune selon son état, et sans rien sacrifier à des préférences théoriques, les placettes de futaie plus ou moins régulière qui forment souvent une partie notable des forêts dites jardinées.

Mais dans le jardinage même il y a des degrés. Entre la juxtaposition de groupes d'arbres assez compacts séparés par de vraies trouées de régénération, d'une part ; et d'autre part la futaie claire de gros arbres à cimes dégagées, entre lesquels vivent des arbres moyens dispersés et sous lesquels un semis abondant attend, pour se développer, l'enlèvement d'un gros arbre, il y a des types jardinés divers, selon la fertilité du sol, la facilité de régénération, la proportion des essences en mélange. L'Epicea et le Hêtre, notamment, disposent le peuplement à se former par bouquets.

La coupe jardinatoire, dans cette diversité de formes, répond à trois buts principaux et réunit, à moins qu'elle ne les localise par bouquets, trois opérations qu'elle accentue plus ou moins : l'assainissement, l'espacement, la régénération. Aussi les forestiers la pratiquent un peu diversement, selon qu'ils trouvent prépondérant l'un ou l'autre de ces buts.

Tel marque « en sélection » des plus beaux arbres, s'attachant d'abord à purger le peuplement des tarés et mal formés, des cimes déséquilibrées ; à sacrifier les arbres malvenants, qu'il reconnaît à leur feuillage insuffisant.

Tel autre marque « à l'espacement », mesurant de l'œil la distance entre les troncs qui répond à un développement normal des cimes. C'est 15 fois le diamètre du tronc, en moyenne, pour le Sapin.

Visant l' « étagement » des cimes, GURNAUD formulait ainsi son conseil (1) :

« L'expérience établit qu'après avoir pris dans chaque classe de grosseur l'arbre dépérissant, le surplus à prendre pour parfaire le chiffre de la coupe doit porter sur l'*arbre intermédiaire*... [qui] gêne l'arbre dominant et l'arbre qui lui est immédiatement inférieur et souffre lui-même de cette double concurrence.»

Tel autre encore, ayant considéré l'inventaire de la parcelle et étudié les résultats du calcul d'accroissement, sachant par là qu'il va se trouver en présence d'un excès d'arbres de telle dimension, de moyens, par exemple, marque « à la dimension » : il subordonne un peu sa sélection ou son espacement à une sévérité systématique envers les arbres de la dimension prédominante et, regardant ces arbres-là plus que les autres, il ne leur permet jamais de demeurer voisins entre eux.

Tel enfin marque « en régénération », s'attachant aux taches de semis survenues et les découvrant ; agrandissant progressivement les trouées repeuplées.

Ces manières de marteler ne sont pas opposées ; elles ré-

(1) *La sylviculture française et la méthode du contrôle.* — Besançon, P. Jacquin, 1886.

pondent à l'état local du peuplement et sont, ici ou là, opportunes. L'important est de ne pas vouloir les pratiquer toutes ensemble, ni complètement d'un seul coup, sous peine de ne rien laisser debout ; mais de faire crédit au prochain martelage puisque, suivant cette méthode, il n'est jamais lointain.

Les gardes, familiers avec la forêt, savent marquer les tarés et dépérissants. Ils savent aussi faire l'éclaircie, dégager le meilleur arbre, bien qu'ils s'attardent trop souvent à l'enlèvement d'une perche insignifiante. Mais quand il s'agit de régénération, ils n'ont pas tous le discernement de ce qui mérite d'être dégagé comme ayant un avenir assuré. Un semis de deux ans n'est pas assuré ; un seul sapineau de 30 centimètres de haut n'a pas assez de chances pour qu'on lui sacrifie un arbre fait : c'est un groupe qu'il faut chercher à dégager. Le rôle du directeur du martelage est de les en instruire ; de faire marquer avec indulgence sur certaines parties, avec sévérité sur d'autres ; il est surtout de voir le peuplement dans son ensemble, et de décider l'opération qui dirigera le mieux son évolution.

§ 10. Facteur de correction

Après ou pendant l'exploitation, le gérant fait mesurer à terre tout ou partie des arbres vendus, soit en volume réel (mètre cube grume), soit en unités commerciales (mètre cube au quart écorcé, par exemple).

Le rapport de ce volume constaté au cube conventionnel des mêmes arbres debout, en sylves, est le facteur de correction. On le calcule séparément par essences, s'il y a lieu.

Si la bille de bois de service, cubée en grume (surface du cercle à mi-longueur, écorce comprise, multipliée par la longueur) donne le même chiffre que le tarif sylve, le facteur de correction pour le mètre cube grume sera 1. Cette bille, ou plutôt la moyenne de la coupe dont les arbres ont la hauteur et la forme qui correspondent à ce rapport, donnera par sylve $0^{mc},7$ au quart écorcé, ou 19 pieds cubes. Ailleurs, ce seront d'autres chiffres.

Telle parcelle, par exemple, donne en bois de service en grume 0,85 du sylve ; ou bien, en mètres cubes au quart écorcé, 0,60 du sylve ; ou bien encore 16 pieds cubes par sylve (ces trois chiffres sont équivalents) ; on pourra y trouver, pour le hêtre, *en stères*, 1,25 du sylve.

Ces facteurs serviront à l'estimation de la prochaine coupe.

Ils se modifieront et seront une mesure fidèle de l'amélioration du matériel.

Il sera nécessaire de les faire intervenir encore pour juger des différences de peuplement ou de production réelle entre parcelles ou forêts différentes, comme aussi sur la même parcelle, entre périodes de temps éloignées.

On prendra garde, dans ce maniement des mesures commerciales encore usitées en diverses provinces, qu'elles portent toujours, pour les résineux, sur la tige *écorcée*, alors que le mètre cube *grume* employé par l'administration française est défini sur écorce (comme le sylve, d'ailleurs).

Le pied cube est le 1/27 du mètre cube au quart ($3 \times 3 \times 3 = 27$), et la solive de 3 pieds cubes en est le 1/9.

D'autre part, le mètre cube au quart (le carré du quart de la circonférence à mi-longueur, multiplié par la longueur) a bien avec le volume cylindrique de la tige nue le rapport $\frac{\pi}{4} = 0,7854$; mais, à cause de l'écorce, la tige nue n'est que 0,90 de la tige en grume ; et ainsi il n'y a pas 27, ni 21, mais 19 pieds cubes dans un mètre cube grume ; un peu moins même, à cause des centimètres de circonférence et des décimètres de longueur qu'on convient de négliger s'ils ne sont pas entiers ou s'ils dépassent le nombre pair.

On ne parle pas ici du cubage par billons, seul *volume réel*, dont les résultats diffèrent un peu de ceux du cubage en grume, mais qui est impraticable commercialement.

§ 11. Comptabilité

Modèle A : Relevé des calepins par parcelle. La *feuille de parcelle* porte toutes les opérations à leur date (comptages, martelages de coupes ou chablis) détaillées par catégories de grosseur. Les perches (15 centimètres de diamètre ou 40 centimètres de circonférence), si elles ont été comptées, inscrites entre parenthèses, ne sont ni additionnées avec les nombres d'arbres précomptables, ni cubées. Si l'on distingue plusieurs essences, il faut dédoubler les colonnes.

Ce registre ou ces feuilles de parcelle ne sont nécessaires que pour le contrôle intégral (Voir §§ 15, 16) ; ils peuvent être remplacés, pour le contrôle en bloc ou simplifié, par le suivant.

Modèle B : *Registre des sorties* et *compte de la possibilité*. Il donne seulement les totaux des exploitations par années (lignes) et par parcelles (colonnes). On inscrit les nombres d'arbres en rouge et les volumes (sylves sans décimales) en noir. Si l'on distingue plusieurs essences, il faut encore dédoubler les colonnes. A la différence du relevé A, cette récapitulation B ne comprend que les coupes, et il faut garder à part les calepins de comptage ainsi, bien entendu, que les calculs de contrôle (§ 6). A la droite de la dernière des colonnes de parcelles, et après tous les feuillets intercalaires que le nombre de parcelles a rendus nécessaires, se trouvent quatre colonnes servant au compte-courant de la possibilité, et dans chacune desquelles on n'inscrit chaque année qu'un volume : le total, par exercice, des sorties de toutes les parcelles, additionnées de gauche à droite ; les totaux de la colonne précédente cumulés depuis le commencement de la rotation (c'est le crédit de la forêt, somme de ses livraisons) ; le total des possibilités cumulées depuis ce même début (c'est le débit de la forêt) ; enfin la balance, différence entre le total des coupes et le total des possibilités : positive si l'on a trop coupé, et l'on marque + l'avance ; négative, s'il y a moins-coupé ou retard (—).

(Modèle A)   Forêt.....   *Feuille de parcelle* **4**   Surface nette : 5 ha, 52

Catégories	Comptage 1917		Coupe 1918		Chablis 1920			Comptage 1923	
	N	V	N	V	N	V	.....	N	V
cm		sv		sv		sv			sv
(40)	(618)	»	»	"	»			(541)	»
60	352	85,18	31	7,50	»			343	83,01
80	235	110,92	33	15,58	1	0,47		180	84,96
100	235	184,48	33	25,91	»			181	142,09
120	167	212,65	27	34,38	1	1,27		182	231,75
140	107	198,44	17	31,53	»			105	194,73
160	90	226,90	16	40,34	1	2,52		74	186,56
180	56	182,86	6	19,59	»			74	241,64
200	32	130,56	8	32,64	»			43	175,44
220	26	128,89	5	24,79	»			19	94,19
240	6	35,34	1	5,89	»			8	47,12
260	5	34,35	2	13,74	»			5	34,35
280	1	7,89	0	»	»			1	7,89
300	0	»	0	»	»			1	8,94
							320	1	10,02
	1.312 p = 1.538 sv		— *179* p = — 252 sv		— *3* p = — 4 sv			*1.217* p = 1.543 sv	

Produit commercial : 3.900 pieds cubes.
Facteur de correction : 15 pc, 5 par sylve.

(Modèle B)   Forêt.....   *Registre des sorties en bloc.*   Possibilité : 350 sv.

Parcelles	1 (7 ha 36)		2 (4 ha 84)		3 (5 ha 10)		4 (5 ha 52)		5 etc.	
Années		sv		sv		sv		sv		
1920 { N	417		8		2		3		»	
1920 { V		385	chablis	6	chablis	4	chablis	4		»
1921 { N	»		175		»		»		»	
1921 { V		»		243		»		»		»
1922 { N	»		»		249		»		»	
1922 { V		»		»		314		»		»
1923	etc...									

Parcelles	(dernière parcelle)	Total par exercice	Totaux cumulés	Possibilités cumulées	Moins — ou trop coupé +
Années		sv	sv	sv	sv
1920 { N	»				
1920 { V	»	399	399	350	+ 49
1921 { N	»				
1921 { V	»	243	642	700	— 58
1922 { N	»				
1922 { V	»	314	956	1.050	— 94
1923	etc...				

Il est bon de tenir deux autres registres, surtout en vue de comparer les parcelles et de juger la production d'ensemble de la forêt :   '

Modèle C : le *tableau récapitulatif des productions* par parcelle et par an porte les résultats du calcul en bloc (§ 6), en supposant que la production périodique donnée par le contrôle (y compris le passage à la futaie) est la somme de productions égales chaque année, et que cette production annuelle saute brusquement à une nouvelle valeur sur chaque parcelle après le contrôle de celle-ci. Le total, année par année, donne l'accroissement global de la forêt et en révèle les variations, à comparer avec celles du tableau suivant.

Modèle D : le *tableau du matériel sur pied* à la fin de chaque année, dans le même cadre que le précédent, inscrit d'abord tels quels, en les soulignant, les volumes réellement constatés par inventaires. Pour {les années intermédiaires, on ajoute, année par année, au matériel initial, la production moyenne prise au tableau précédent (modèle C), sans omettre de retrancher la coupe à l'année où elle a été faite, et de la rappeler par un signe ($\div$). On totalise par années, et l'on a une représentation approximativement suffisante du mouvement du matériel.

Bien entendu ces deux récapitulations sont en retard, puisqu'on attend le résultat du contrôle de chaque parcelle pour inscrire les chiffres de toute la période qui vient de finir. Mais on peut, à la rigueur et provisoirement, extrapoler les derniers accroissements de chaque parcelle et, par exemple ici pour la parcelle 1 où l'on a coupé 339 sv en 1925, supposer que la production se maintient à 86 sv. par an, et qu'ainsi le matériel fin 1925 est :

$$2340 \text{ sv. (constaté)} + 86 - 339 = 2087 \text{ sv.}$$

Ces chiffres à rectifier par le prochain contrôle ne seront inscrits qu'au crayon.

(MODÈLE C)   Forêt.....   *Tableau récapitulatif des productions.*
(Accroissements y compris le P. F.)

Années :	1918	1919	1920	1921	1922	1923	1924	1925
Parcelles	sv	sv	sv	sv	sv	sv	sv	sv
1 (7 ha 36).........	117.	86	86	86	86	86	86.	
2 (4 ha 84).........	75	74	75.	62	62	62	62	62.
3 (5 ha 10).........	76	76	77	76.	65	64	65	64
4 (5 ha 52).........	43	44	43	44	43	44.		
....	etc.	...	...	...	...	...	...	...
Totaux........... (54 ha, 97)	519	477	481	465	470	504	»	»
Moyenne à l'hectare :	9,5	8,7	8,7	8,5	8,5	9,2		

(MODÈLE D)   Forêt.....   *Registre du matériel sur pied.*

Fin de.......	1918	1919	1920	1921	1922	1923	1924	1925
Parcelle	sv	sv	sv	sv	sv	sv	sv	sv
1 (7 ha 36)	**2.209**	»	»	»	»	»	»	»
+ accr^t 1919.	+ *86* = 2.295	»	»	»	»	»	»	»
+ accr^t 1920.	»	+ *86*	»	»	»	»	»	»
— Coupe 1920.	»	— *385* = ÷ 1.996	»	»	»	»	»	»
+ accr^t 1921.	»	»	÷ *86* = 2.082	»	»	»	»	»
+ accr^t 1922.	»	»	»	+ *86* = 2.168	»	»	»	»
+ accr^t 1923.	»	»	»	»	+ *86* = 2.254	»	»	»
+ accr^t 1924.	»	»	»	»	»	+ *86* = **2.340**	÷ 2.087	
2 (4 ha 84)	1.490	1.564	**1.639**	÷ 1.459	1.521	1.583	1.645	**1.707**
3 (5 ha 10)	1.406	1.482	1.559	**1.635**	÷ 1.385	1.450	1.514	1.579
4 (5 ha 52)	† 1.325	1.369	1.412	1.456	1.499	**1.543**	†(1.313)	(1.357)
etc...	etc...	...	...	...	...	...	...	...
Totaux...... (54 ha, 97)	11.128	11.613	11.585	11.709	11.785	11.930	(12.072)	(11.870)
Moyenne à l'ha	202	211	210	213	216	217	(220)	(216)

§ 12. Révision

En fin de rotation, l'aménagiste remanie, s'il en est besoin, l'ordre des parcelles sur le règlement d'exploitation qu'il avait dressé au début, en rejetant à la fin celles où, la coupe ayant été plus intense, son retour est moins urgent, et inversement.

En possession du contrôle en bloc de toutes les parcelles, il connaît la production actuelle de la forêt entière.

Il rectifie son idéal provisoire d'après l'étude qu'il peut faire de l'évolution des peuplements (Voir chapitres IV et V).

Il modifie en conséquence sa possibilité globale, et il taxe chaque parcelle pour une nouvelle rotation.

En résumé, l'aménagement de contrôle comprend les opérations suivantes :

Statistique.

Plan et parcellaire.

Inventaire ; description et courbe de chaque parcelle.

Choix du tarif. Cubage.

Mesure de la production (contrôle en bloc).

Recherche de l'idéal provisoire ; décision sur les économies ou réalisations ; possibilité globale.

Décision sur la limite supérieure de la rotation.

Taxe de chaque parcelle.

Règlement d'exploitation.

Règles culturales (prévision de coupe).

Contrôle des exploitations : facteur de correction.

Tenue des registres à jour.

Révision périodique.

CHAPITRE III

PARTICULARITÉS ; PERFECTIONNEMENTS

§ 13. Variantes

Dans une petite forêt où l'aménagiste se confond avec le gérant, il n'est pas nécessaire de fixer la révision en fin de rotation, puisqu'on peut tenir immédiatement compte des résultats du dernier contrôle et qu'il est même plus correct de taxer la parcelle en tour au moment même où son comptage vient de donner un chiffre actuel.

Dans les grandes forêts, où l'on trouve plus opportun de ne faire intervenir l'aménagiste, c'est-à-dire de ne discuter les intérêts financiers du propriétaire, que de temps en temps, la révision périodique est utile. Elle l'est surtout si les parcelles sont très différentes et si, comme on l'indiquera plus loin, on admet l'idée de série, de solidarité entre les parcelles pour un équilibre moyen (Voir § 22).

Mais alors les données de cette révision périodique, pour les parcelles dont le comptage est ancien, manqueront de fraîcheur. On se trouvera donc tenté d'attendre l'époque de la révision pour faire tous les comptages à la fois. C'est un mauvais procédé, auquel il faut décidément préférer les comptages échelonnés, de chaque parcelle immédiatement avant son martelage. Car la saison favorable est courte, et le personnel disponible rarement suffisant pour faire avec conscience une opération très étendue ; les comptages échelonnés sont mieux soignés, et ils préparent les gardes au martelage de la parcelle qui vient d'être ainsi reconnue.

Le registre récapitulatif des matériels sur pied, et celui des accroissements, tenus comme ils ont été décrits au § 11, suffisent aux prévisions et aux décisions essentielles de l'aménagiste ; celui-ci se résignera à ne pas vouloir tout régler d'avance dans le détail ; il fera confiance au gérant en lui laissant un peu de marge, parce que ce gérant, muni au moment de marteler d'un comptage récent avec nouveau contrôle, se trouvera mieux guidé pour mettre au point, sans la trahir, la prévision déjà ancienne de l'aménagiste.

Il y a deux manières de régler cette marge de mise au point et d'imprévu : la rotation fixe et la rotation élastique.

Les administrations qui trouvent utile d'exiger une observation rigide du règlement d'exploitation sur le terrain consentiront, en revanche, à quelque retard ou avance sur la possibilité annuelle en volume, dont il est tenu compte-courant (§ 11, modèle B). Si la forêt est grande, bien subdivisée, et qu'on y parcoure chaque année plusieurs parcelles, les écarts se compensent facilement.

Dans l'autre système, l'ordre seul des parcelles est obligatoire, tandis que l'année de coupe n'est qu'une prévision. L'aménagiste a taxé chaque parcelle au *maximum* présumé réalisable ; le gérant a pour consigne de tendre à couper plus légèrement. Et s'il a eu, en effet, la main assez légère, il est en retard sur le compte-courant de la possibilité ; lorsque le moins-coupé atteint la moitié du matériel présumé réalisable dans la parcelle qui va venir en tour, il fait d'office la coupe de cette parcelle, tout entière, bien entendu, en avance sur la rotation prévue, pour rattraper la possibilité moyenne. On procédera de même, par avance d'une parcelle entière, si le propriétaire a besoin d'une coupe extraordinaire. Il n'y a qu'avantage cultural à accélérer un peu la rotation, le contraire étant interdit ; et le gérant n'est pas tenté, pour se mettre en règle, s'il a été modéré dans les précédents martelages, d'abuser de la parcelle suivante.

Si, pour des motifs de dépense ou de manque de personnel, le propriétaire jugeait ne pas pouvoir faire de comptages à chaque rotation, il pourrait à la rigueur se contenter d'un comptage pour deux rotations.

Il pourrait aussi, s'il ne peut pas adopter le contrôle intégral, restreindre les comptages à quelques parcelles caractéristiques de la forêt, qui serviront à diriger le traitement des autres par comparaison à l'œil entre les peuplements.

Il est pourtant fâcheux de renoncer aux comptages complets ; car, questions culturales même mises à part, c'est l'inventaire qui permet au propriétaire de connaître son capital et de le surveiller. C'est une nécessité pour le commerçant comme pour l'industriel : ce doit en être une pour le propriétaire forestier.

§ 14. Possibilité de début

Au début de l'application de la méthode, où l'on ne possède qu'un comptage, la production doit être mesurée ou estimée autrement que par contrôle. L'exactitude du chiffre à avancer ainsi n'est pas d'une importance essentielle, puisqu'il sera bientôt rectifié.

La comparaison avec d'autres forêts connues, l'examen des exploitations passées et de leur résultat, donnent déjà des indications presque suffisantes à l'aménagiste familier avec une région.

L'étude à la tarière Pressler procure une mesure sérieuse. Cet instrument, précieux au forestier (1) prélève sur l'arbre vivant une petite cigarette de bois, et permet d'y mesurer directement la vitesse actuelle d'accroissement ou « veine » du bois.

On trouve plus commode de traduire cette vitesse par son inverse, le *temps de passage* ; en comptant combien de veines ou couches annuelles sont comprises dans les derniers 25 millimètres (de rayon) sous l'écorce, on exprime le temps que l'arbre a mis à franchir une catégorie de 5 centimètres de diamètre. Un nombre suffisant de sondages ayant fixé la moyenne de chaque catégorie, on en conclut, par le tarif, le gain annuel en volume d'un arbre de cette catégorie (2).

On multiplie ce chiffre par le nombre de tiges comptées

(1) André MATTSON, à Mora (Suède). Revient à environ 90 francs.

(2) Tables VII et VIII (annexes). Leurs chiffres sont basés exactement sur les tangentes à la courbe-tarif aux points de dimension moyenne des catégories. On peut observer que le temps de passage des années sondées se rapporte à un arbre qui était, dans cette période, un peu plus petit que nous ne le trouvons aujourd'hui ; et qu'ainsi le grossissement de cet arbre était moindre que ne le donne la table basée sur sa dimension actuelle, puisque les tangentes ou grossissements augmentent constamment avec la grosseur. Mais on n'a mesuré que le grossissement du bois nu ; et en tenant compte de celui de l'écorce, environ 5 à 6 %, l'erreur se trouve à peu près compensée. On prendra donc telle quelle la valeur donnée par la table pour grossissement total passé de l'arbre qui a aujourd'hui la dimension énoncée.

dans la catégorie, et on totalise. On tiendra compte, en outre, du passage à la futaie. Le tableau ci-dessous est un exemple de ce calcul.

CALCUL DE LA PRODUCTION PAR LES ACCROISSEMENTS COURANTS (PRESSLER)
Forêt de L. (Auvergne). Ensemble de six sous-parcelles de la pc. 7 : 41 hectares.

Diamètres	T. P.	Grossissem^t d'un arbre	Inventaire N. Sapins	Accroissem^t annuel	Observations :
cm.	Années	sv		sv	*Passage à la futaie :*
(15)	23	»	(2.281)	»	1 23 × 2.281 = 100
20	21,8	0,0073	1.754	12,70	pieds neufs
25	21,2	0,0098	1.382	13,56	de (20 c.) = 26 sv, 97
30	19,8	0,0147	1.242	18,25	
35	17,9	0,0195	1.227	23,93	
40	16,2	0,0272	1.305	35,55	
45	15,8	0,0314	1.225	38,48	
50	15,3	0,0356	1.117	39,86	
55	15,0	0,0396	896	35,45	
60	13,2	0,0481	638	30,78	
65	(12,5)	0,0540	388	20,97	
70	(11,9)	0,0598	232	12,87	
75	(11,1)	0,0670	76	5,09	
80	(11)	0,0702	49	3,44	+ Calcul semblable
85	(11)	0,0724	14	1,01	pour les Hêtres
90	(11)	0,0743	9	0,70	Inventaire Accroissement
95	(11)	0,0760	6	0,46	N. Hêtres: annuel :
			11.560	293,10	7.806 29 sv, 12
			(cubant 18.841sv)	+ 26,97 PF	(2.154 sv) + 21, 85 PF

Production totale : Sapin 320 sv   +   Hêtre   51 sv   = 371 sv
Production par hectare et par an : Sapin   7 sv,8   +   Hêtre   1 sv 2 = 9 sv 0

Il faut que le nombre de sondages ait été assez grand (100 à 200) pour bien fixer une moyenne par catégories ou par classes de grosseur. Il est meilleur d'étudier sérieusement une parcelle bien choisie pour représenter la moyenne des peuplements que d'opérer par sondages dispersés. En tout cas les sondages doivent être répartis systématiquement avec impartialité et porter sur tous les arbres de la ligne ou virée choisie. On en fait environ 20 à l'heure.

Si l'on n'a pas pu faire la grande série de sondages nécessaire pour asseoir sérieusement le calcul d'accroissement par catégories, et qu'on en ait cependant assez pour juger de la fertilité par le temps de passage vraiment moyen, on pourra guider la coupe sur un taux d'exploitation inversement proportionnel à ce temps de passage :

3 % du matériel, par an, si le TP est de 11 ans (pour 5 centimètres de diamètre) ;

2 1/2 s'il est de 13 ans ;

2 % s'il est compris entre 16 et 17 ans (1).

Mais on tiendra compte, en même temps, de la densité du peuplement par cette autre donnée moyenne d'expérience : à part les forêts très claires où il n'y a évidemment qu'à attendre en réalisant les déchets (1 % par an), on ne peut guère prendre moins de 2 % d'une forêt pauvre (voisine de 200 sv). et l'on peut prendre 3 % d'une forêt convenablement peuplée (plus de 300 sv).

En combinant, à titre provisoire, ces deux indications, sans dépasser 3 % avant le premier contrôle, l'on ne risquera pas de faute grave.

(1) Par 20 centimètres de circonférence : 3 % si le temps de passage est 14 ans ; 2 % s'il est de 21 ans, etc.

§ 15. Calcul détaillé de Gurnaud

La méthode du contrôle n'est pas complète sans une analyse, sous une forme ou sous l'autre, de l'évolution du peuplement et de la manière dont se répartit l'accroissement. Le premier moyen d'interpréter ainsi les comptages a été inventé par GURNAUD (*op. cit.*, 1878).

M. JOBEZ (1), M. BIOLLEY (*op. cit.*) et M. BOREL (*op. cit.*) ont exposé de nouveau, avec quelques variantes, cet ingénieux calcul. Il est une autre façon de le présenter, réduit au raisonnement sur les nombres de tiges, et qui permet des conclusions analogues.

Soient (MI — C) et MF les inventaires successifs, à 5 ans d'intervalle, de la même parcelle. La coupe faite après le premier comptage a été retranchée du matériel initial. Si la coupe, au contraire, avait précédé de peu l'inventaire final, on comparerait plutôt MI à (MF + C) ; de l'une ou l'autre manière, on a bien la représentation du matériel au travail pendant la période.

Le tableau ci-après (p. 39) se lit ainsi :

---

(1) « Le contrôle, son application, ses résultats ». — *Bulletin de la Société Forestière de Franche-Comté et Belfort*, juin 1892.

Les catégories de grosseur sont rangées par ordre décroissant.

Il y a un (280) au MF ; il n'y en avait pas au MI (réduit) ; cet arbre est probablement l'un des 4 (260) du MI ; les 3 autres de ceux-ci sont restés stationnaires.

Il y a 6 (260) au MF, dont 3 viennent sans changement apparent des (260) du MI ; les 3 autres viennent probablement des 9 (240) du MI ; et les 6 autres de ceux-ci sont restés stationnaires.

Ainsi de suite...

Il y a 552 (60) au MF, dont 315 viennent sans changement du MI ; les 237 autres étaient, au premier inventaire, des perches non précomptables, qui ont *passé à la futaie.*

De cette kyrielle de soustractions on déduit l'accroissement en volume, en multipliant les promotions par la différence de volume, au tarif, entre l'arbre des catégories inférieure et supérieure. La table de ces différences se trouve aux annexes IX et X.

Si la période contrôlée était assez longue pour que les arbres aient pu franchir deux catégories, ou même davantage, ce calcul simple devrait être légèrement modifié pour tenir compte des promotions doubles et triples.

On peut aussi faire usage des volumes, selon la méthode originale de Gurnaud :

Après avoir décomposé le matériel final, suivant les mêmes principes que précédemment, en arbres ayant gagné une, deux, trois catégories, ou restés apparemment stationnaires, on calcule le volume de chacun de ces groupes dans son état ancien, et on en compare la somme, par catégorie, au volume présent de ces mêmes arbres.

CALCUL DÉTAILLÉ DE L'ACCROISSEMENT

Forêt de H-C. parcelles 2 et 3 (9 ha, 94) entre 1921 et 1926 = 5 ans.

Catégories de circonférence	MI — C 1921	M F 1926	Promus	Station- naires	Différences de volume	Accroissement	P. F.
(1)	(2)	(3)	(4)	(5)	(6)	(7)	
cm					sv	sv	sv
280	0	1		»			
			1		*1,020*	*1,02*	
260	4	6		3			
			3		*0,980*	*2,94*	
240	9	15		6			
			9		*0,932*	*8,38*	
220	19	27		10			
			17		*0,877*	*14,90*	
200	38	55		21			
			34		*0,815*	*27,72*	
180	73	118		39			
			79		*0,744*	*58,80*	
160	145	195		66			
			129		*0,667*	*86,00*	
140	272	373		143			
			230		*0,581*	*133,80*	
120	414	433		184			
			249		*0,488*	*123,40*	
100	505	500		256			
			244		*0,313*	*76,45*	
80	487	445		243			
			202		*0,230*	*46,45*	
60	517	552		315			
			PF *237*		*(0,242)* *	»	57,35
Totaux	2.483	2.720	*1.434* + 1.286		Accroissement du MI :	*579,86*	
+ P. F.	237				+ PF :	...	57,35
	2.720 = 2.720 =		2.720		Par l'a :	*58,3*	+ 5,8
					Par ha/an :	*11,7*	+ 1,2

12 sv, 9

* Le volume gagné est tout celui de l'arbre de (60) soit 0,242, puisqu'au début chacune de ces perches comptait pour O.

Passage à la futaie par hectare et par an : 4 arbres 1/2.

EXTRAIT DU TABLEAU PRÉCÉDENT.

Catégories de circonférence	MI — C 1921	MF 1926	Promus	Stationnaires
(1)	(2)	(3)	(4)	(5)
. . . . . .	. . . . . .	. . . . . .	. . . . . .	. . . . . .
180	73	118		39
			79	
160	145	195		66
			129	
140	272	373		143
. . . . . .	. . . . . .	. . . . . .	. . . . . .	. . . . . .

§ 16. Temps de passage

Le temps de passage est le nombre d'années que met l'arbre moyen de chaque catégorie à franchir les limites de cette catégorie. On le mesure directement à la tarière Pressler (Voir § 14). Mais on peut aussi le déduire de la comparaison d'inventaires (1) :

Soit l'exemple précédent, la kyrielle des soustractions faites (colonnes 1 à 5), et considérons l'une des catégories, par exemple celle des (160). Pendant l'ensemble de la période 1921-1926, l'effectif moyen de cette catégorie, variant de 145 à 195, a été $\frac{145 + 195}{2} = 170$. Sur cet effectif, 66 n'ont pas paru bouger ; la différence, 104, a manifesté un mouvement ; et en effet, si nous nous reportons par la pensée au milieu de la période, la moitié des 129 promus de (140) à (160) était probablement arrivée ; la moitié des 79 promus de (160) à (180) était partie : $\frac{129 + 79}{2} = 104$.

Or la probabilité de voir ainsi une plus ou moins grande proportion de mouvements dans les arbres de cette catégorie est proportionnelle à leur vitesse moyenne d'accroissement. Si le mouvement était de 100 %, c'est que ces arbres gagneraient tous une catégorie de 20 centimètres de circonférence en ces 5 ans. Le mouvement constaté est de $\frac{104}{170}$: ils gagnent donc en moyenne cette catégorie en $5 \times \frac{170}{104} = 8$ ans.

Cela représente une veine ou accroissement radial de $3^{mm},9$ par an, et correspond à un temps de passage pour 5 centimètres de diamètre, de 6 ans 1/2.

(1) Gazin 1902. — Cuif ap. Huffel, « *Economie forestière*, t. III, 1re éd. (1907), p. 429 sqq. G. Vaulot, « Détermination des accroissements en diamètre des arbres », *Revue des Eaux et Forêts*, mars 1914. — H. Biolley « L'âge des bois et le traitement des forêts », *Journal forestier suisse*, 1915. — Ces auteurs utilisent le même principe d'une manière plus ou moins correcte.

Voici le tableau des temps de passage dressé par diamètres sur un autre exemple. Le raisonnement sur les promotions (colonnes 4 et 5) est identique à l'exemple du paragraphe précédent. Le calcul des temps de passage se fait ensuite le plus commodément en opérant sur le double effectif moyen (colonne 6 = 2 + 3) et sur la double promotion, supérieure et inférieure (colonne 7 = somme des chiffres de la colonne 4 deux par deux) ; puis, d'un seul coup de règle à calcul, en multipliant le rapport de ces deux chiffres $\frac{\text{Effectif}}{\text{Promotion}}$ par la durée de la période (ici 6 ans), on obtient le temps de passage.

Ce calcul reposant sur la théorie des probabilités, il ne faut attribuer de valeur qu'aux résultats donnés par un effectif d'arbres suffisant ; ceux des catégories supérieures, peu nombreuses, sont visiblement aberrants.

Si la période contrôlée était assez longue pour que beaucoup d'arbres aient pu franchir deux catégories, ou même davantage, ce calcul simple ne serait plus applicable. On peut tenir compte des passages multiples comme le montre l'exemple suivant.

1er CALCUL DES TEMPS DE PASSAGE (pour 5 centimètres de diamètre)

Forêt de C. (Jura), parcelle I-1b (3 ha, 70) entre 1907 et 1913. (6 ans).

Dia-mètres (1)	MI 1907 (2)	(MF + C) 1913 (3)	Promus (4)	Station-naires (5)	2 × Effectif moyen (6)	2 × Pro-motion (7)	Temps de passage (8)
cm							années
100	0	1			1	»	»
			1				
95	1	1		0	2	*2*	(6)
			1				
90	1	1		0	2	*2*	(6)
			1				
85	2	2		1	4	*2*	(12)
			1				
80	4	4		3	8	*2*	(24)
			1				
75	7	12		6	19	*7*	(16)
			6				
70	8	14		2	22	*18*	7,3
			12				
65	17	25		5	42	*32*	7,9
			20				
60	31	43		11	74	*52*	8,5
			32				
55	44	50		12	94	*70*	8,1
			38				
50	76	96		38	172	*96*	10,7
			58				
45	99	107		41	206	*124*	10,0
			66				
40	115	113		49	228	*130*	10,5
			64				
35	121	142		57	263	*149*	10,6
			85				
30	156	144		71	300	*158*	11,4
			73				
25	150	140		77	290	*136*	12,8
			63				
20	152	146		89	298	*120*	14,9
			PF *57*				
Totaux. + PF..	984 57	1.041	*579* +	462	2.024	*1.100*	Moyenne
	1.041		—	1.041	$\frac{2.024}{1.100} \times 6$		= 11 ans

(Passage à la futaie par hectare et par an : 2 arbres 1/2)

Après avoir décomposé le matériel initial et le matériel final selon les mêmes principes que précédemment, en arbres ayant avancé d'une catégorie, de deux ou de trois, ou bien restés stationnaires, on évalue le mouvement de chaque groupe (colonne 7) en comptant pour 2 chaque arbre ayant franchi 2 catégories, et ainsi des autres. Puis on prend, pour chaque catégorie, d'abord les groupes composant son MI, qu'on retrouve un peu plus haut au MF, et on additionne leurs mouvements (col. 9) qui sont les mouvements de départ ; ensuite on prend les groupes du MF de cette même catégorie, pour faire de même avec les mouvements d'arrivée (col. 10). De même qu'on admet pour effectif moyen de la catégorie au cours de la période, la demi-somme de son MI et de son MF, on prendra pour mouvement moyen de ses arbres la demi-somme des mouvements constatés sur son MI et sur son MF. On achève comme dans l'exemple précédent.

Ce raisonnement ne comprend pas dans le mouvement de la catégorie considérée les arbres qui l'ont seulement traversée, comme ici, dans la catégorie (120), les 19 arbres qui avaient (100) au début et (140) à la fin de la période. Le mouvement de ces arbres est compté au crédit des catégories (100) et (140).

On peut aussi faire ce calcul en passant par l'intermédiaire des volumes ou des surfaces terrières (Voir § 19 et les barêmes XI et XII) : Ayant décomposé l'effectif toujours de la même façon, on cherche quelle grosseur avait, au début de la période, l'arbre qu'on trouve aujourd'hui à une catégorie de grosseur, ou bien l'arbre moyen de tout le peuplement. Ainsi, dans le peuplement du second exemple, le volume dans l'état ancien (1913) des 2.613 arbres était 1617 sv ; l'arbre moyen cubait 0 sv, 62 ; son diamètre (Voir table II) était 28 cm, 8. Aujourd'hui (les 584 passés à la futaie déduits), les 2.613 plus gros arbres cubent 2.558 sv : leur moyenne est 0 sv, 98 : le diamètre de cet arbre moyen est 34 cm, 5. Gain : 5 cm, 7 en 11 ans : le temps de passage moyen pour 5 centimètres de diamètre est 9 ans, 6. On peut aussi calculer par catégories séparées.

Mais ce procédé ne donne pas les mêmes résultats que le premier, parce qu'il représente le temps de passage des arbres qui ont aujourd'hui la dimension de telle ou telle catégorie, tandis que le premier représente le temps de passage des arbres qui avaient cette dimension au milieu de la période de contrôle ; et l'écart augmente avec la durée de cette période. Peu importe, la seule chose utile étant la comparaison

2e CALCUL DES TEMPS DE PASSAGE (pour 20 centimètres de circonférence)
Forêt de H.-C., division **1** *(7 ha, 36) entre 1913 et 1924 (11 ans)*

Catégories C.f. (1)	MI 1913 N (2)	MI 1913 détail (3)	MF 1924 N (4)	MF 1924 détail (5)	Promotions (6)	Mouvements (7)	Stationnaires (8)	Mouvt du MI (départ) (9)	Mouvt du MF (arrivée) (10)	Double mouvt moyen (10)	Double effectif (12)	T.P. (13)
cm												années
220	0		2		1 × 2 =	2	0	o	5	*5*	2	(4,4)
					1 × 3 =	3						
200	0		4		4 × 2 =	8	0	o	8	*8*	4	(5,5)
180	1	1	28		10 × 1 =	10	0	2	46	*48*	29	6,6
					18 × 2 =	36						
160	15	1	125		81 × 1 =	81	0	3	169	*190*	140	8,0
		4			44 × 2 =	88		8				
		10						10				
140	99	18	292		273 × 1 =	273	0	36	311	*428*	391	10,0
		81			19 × 2 =	38		81				
120	317	44	527		527 × 1 =	527	0	88	527	*888*	844	10,5
		273						273				
100	548	19	649		(2)	o	2	38	647	*1.212*	1.197	10,9
		527			647 × 1 =	647		527				
		2						o				
80	710	647	717		(63)	o	63	647	654	*1.301*	1.427	12,1
		63			654 × 1 =	654		o				
60	923	654	853		(269)	o	269	654	584	*1.238*	1.776	15,7
		269			(584)PF (1) =	584		o				

2.613 = 2.613   2.279 promus   334   2.367 + 2.951 = *5.318*   5.810
+ 584 PF   +   334 stationnaires
           +   584 PF

$$\text{T.P. moyen } 11 \times \frac{5.810}{5.318} = 12 \text{ ans}$$

3.197   = 3.197 = 3.197   Passage à la futaie par hectare et par an : 7 arbres.

Observations : Colonne (2) : MI 1913 — coupe 1914 ; Colonne (4) : MF 1924 + coupe 1920.

entre les catégories au même moment, et entre périodes successives ; il suffit qu'on fasse toujours le calcul de la même façon.

Au surplus, il est de moins en moins instructif de considérer de longues périodes : c'est de la statistique plutôt que de l'analyse culturale ; plusieurs choses y deviennent discutables : par exemple, l'imputation des bois exploités dans l'intervalle contrôlé, soit en déduction du MI, soit en complément du MF ; dans notre dernier exemple, il fallait bien retrancher la coupe 1914 du MI 1913 ; mais la seconde coupe (1920) aurait dû plutôt être partagée qu'ajoutée tout entière au MF. 1924 (1).

On transpose les temps de passage sur 20 centimètres de circonférence en TP sur 5 centimètres de diamètre, en les multipliant par $\frac{\pi}{4}$ = 0,7854. Ainsi la moyenne du second exemple (H.-C., 1ᵉ) : 12 ans pour 20 centimètres de circonférence, correspond à 9 ans, 4 pour 5 centimètres de diamètre. On vient de trouver directement, par l'intermédiaire des volumes : 9 ans, 6. Cette croissance est meilleure que celle (11 ans) du premier exemple (C., I-1*b*).

(1) Cf. G. VAULOT, *op. cit.*

CHAPITRE IV

DIRECTION DE CULTURE

§ 17. Interprétations culturales

On en tire du calcul détaillé d'accroissement, des temps de passage, des facteurs de correction et des courbes.

Le *calcul détaillé* (Voir § 15) indique d'abord où l'accroissement s'est produit en majeure partie ; et si l'on veut suivre l'idée de le récolter comme il s'est produit, pour maintenir le peuplement semblable à lui-même, il est utile de voir, par exemple, sur ce tableau, que la production vient surtout, là, des catégories faiblement moyennes (120 cm).

Le même calcul, ou le calcul en bloc par pieds d'arbres (Voir § 6) fait ressortir le *passage à la futaie*, dont l'observation est essentielle au rapport soutenu. Il est ici insuffisant. Il l'est plus encore dans le peuplement étudié au premier exemple du § 16. Au contraire, dans les futaies jeunes et pauvres, issues d'un enrésinement de feuillus ou d'une coupe exagérée, le passage est très fort (2 à 5 sylves par hectare et par an).

Si le passage à la futaie est fort (plus de 2 sylves par hectare et par an), suivez la règle de Gurnaud : capitalisez tout ce P. F., coupez seulement l'accroissement du matériel initial. Si le passage à la futaie est insuffisant (moins de 1 sv 1/2), ouvrez le peuplement en dépassant l'accroissement courant d'autant qu'il manque au P. F.

S'il y a discordance entre la densité et le passage à la futaie, c'est-à-dire manque de P. F. avec un matériel faible, cela peut tenir :

1° à une prédominance de moyens dont la concurrence arrête la régénération. En ce cas, examiner s'il s'agit d'un peuplement étriqué, vieilli, qu'il faut ouvrir en suivant l'indication du P. F., ou bien si c'est un perchis vigoureux qu'il vaut mieux laisser se développer encore.

2° Cela peut être seulement un retard de passage, dans une futaie ouverte ayant déjà donné des semis qui se développent et bientôt seront saisis par le compas. En ce cas, attendre en ménageant les gros tant qu'ils ne dépérissent pas.

3° Cela peut être un manque de semis par défaut du sol : détérioration chimique ou biologique, sécheresse, enherbement, interrègne de morts-bois commandé par cette détérioration et cette loi du mélange ou de l'alternance périodique des essences, que nous connaissons mal encore (1), mais qui n'en est pas moins importante.

Quant au pâturage, ruine des forêts, il le faut exclure ou bien passer la production ligneuse par profits et pertes.

Dans ces cas d'arrêt de la régénération naturelle, planter dans les trouées une essence de mélange, Hêtre et Epicea dans le Sapin, et inversement.

L'amélioration du peuplement de période à période se constate surtout par la diminution et le rapprochement des *temps de passage*. Ceux-ci, en futaie jardinée, décroissent toujours régulièrement des petits arbres aux gros ; ils deviennent cependant moins différents si la forêt est bien traitée. Cela s'explique : si l'on est parvenu à assainir le matériel et à le bien espacer, les conditions de végétation deviennent presque uniformes ; à part les semis et les perches qui, près du sol, reçoivent

---

(1) H. Gerdil, *La régénération du Sapin*, Besançon, Jacquin, 1906.

E. Hess, *Le sol et la forêt*. — Annales de la Station fédérale de recherches forestières, T. XV-1. — Zurich, Beer et Cie, 1929.

moins de lumière et attendent leur tour, les arbres gardent une veine régulière et même croissante jusqu'aux fortes dimensions. Le dépérissement habituel aux vieilles futaies régulières n'atteint pas les réserves de la sélection ; et ainsi, lorsqu'on constate une diminution de la veine (allongement du temps de passage) sur les gros, c'est qu'on en a conservé d'indignes et qu'il en faut diminuer l'effectif.

Si l'on constate, entre des croissances satisfaisantes des petits et des gros, un temps de passage attardé chez les moyens, c'est l'indice d'un état de gêne, et probablement de la tendance à former, dans un coin de la parcelle, un haut-perchis d'un seul étage : c'est ainsi l'appel à une forte éclaircie dans ces catégories moyennes.

Dans les limites d'une même catégorie de grosseur, les variations individuelles de la veine du bois sont énormes : du simple au quadruple et davantage. Lorsqu'on a assaini le matériel, l'écart diminue et la moyenne remonte par suppression des mauvais.

Combien un bon traitement, patiemment poursuivi, peut améliorer l'accroissement, l'exemple suivant l'indique : dans la parcelle $1b$ de la 1re série de Couvet, d'où est tiré le premier tableau du § 16, le temps de passage variait :
de 1889 à 1895, entre 8 et 19 ans (des gros aux petits), moyenne 13 ans ;

M. Biolley a obtenu successivement :
de 1907 à 1913, entre les extrêmes 7 et 15 ans, une moyenne de 11 ans ;
de 1919 à 1925, entre les extrêmes 8 et 11 ans, une moyenne de 9 ans 1/2 ; encore cette dernière période comprend-elle de mauvaises années qui ont influencé le rendement de toutes les sapinières.

La hausse du *facteur de correction* est un indice évident de l'amélioration d'un peuplement d'abord pauvre et dont les arbres avaient le port et la forme d'arbres isolés ; l'état de massif s'établit, les arbres en croissance se forment un meilleur fût, et le vieux matériel défectueux s'élimine.

Bien entendu, il faut tenir compte de ce facteur de correction dans les jugements critiques sur la production, si l'on compare des dates éloignées entre lesquelles la forme moyenne des arbres a beaucoup changé.

Enfin la transformation d'un peuplement s'exprime par le mouvement de sa courbe, comme il sera expliqué aux paragraphes suivants.

Mais en faisant cette critique des opérations sur le papier, l'aménagiste n'oubliera pas que sa méthode a trois points délicats :

1º Comme on l'en a averti au § 4, l'inventaire ne peint ni la qualité du matériel ni sa répartition ;

2º Le passage à la futaie ne mesure l'insuffisance ou l'excès de la régénération qu'avec un retard d'une trentaine d'années, puisque c'est vers cet âge seulement que les perches peuvent atteindre la dimension précomptable ;

3º On sait que des causes extérieures au peuplement, variations météorologiques et autres, entraînent de mauvaises récoltes en bois certaines années, ou inversement en procurent de très supérieures à la moyenne ; qu'ainsi la production d'une période de 5 ou 6 ans peut être affectée fortement, parfois de 1/4 à 1/3, sans qu'il y ait à cela de motif dans les opérations.

Il faut donc ne tirer de la critique de l'accroissement que des conclusions réservées, et ne donner une nouvelle direction à la culture qu'après recoupement des résultats. Ce qui ne trompe point, c'est la surveillance de la régénération sur le terrain.

§ 18. Critique par les courbes

Il s'agit ici de la courbe de fréquence représentant le peuplement par les nombres d'arbres de chaque catégorie de grosseur, réduits à l'hectare, comme il est expliqué au § 4.

La base de la critique par les courbes est la loi expérimentale et logique du développement des peuplements, que voici.

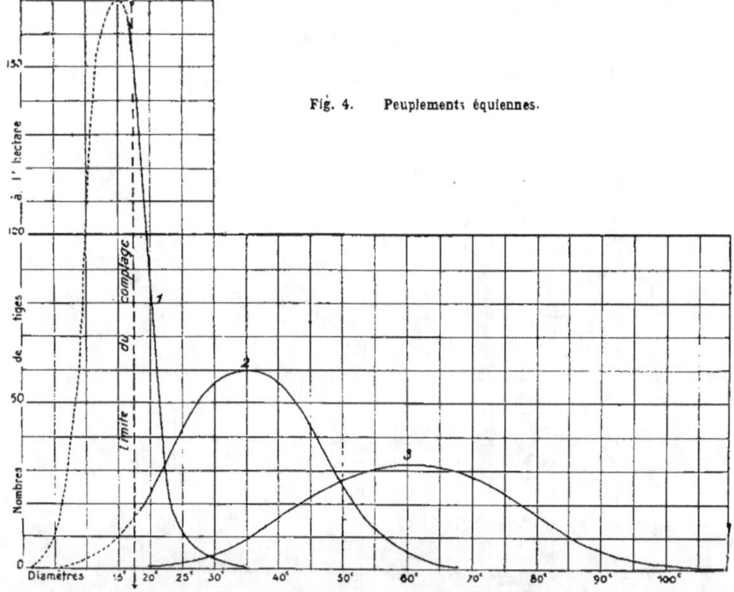

Fig. 4.   Peuplements équiennes.

A. Tout peuplement *équienne* (né d'un seul coup) dit régulier, est composé de tiges de diamètres variés, dont l'un (moyen) est dominant par le nombre, et dont les autres sont d'autant moins représentés qu'ils s'en écartent davantage. Il se dessine par des courbes (courbes de Gauss) semblables à celles de la figure 4. L'écart des jambes de la courbe est d'autant plus petit que le peuplement est plus jeune : c'est, pour les perchis, la forme 1 en épingle-à-cheveux ; à l'âge moyen, le même peuplement sera figuré comme en 2, par une courbe en cloche ; et plus tard encore, par la courbe 3, en chapeau-de-gendarme très aplati.

Comme nos inventaires ne commencent ordinairement qu'à des arbres de 50 centimètres de tour environ, une partie plus ou moins considérable de la courbe nous échappe, et il faut la deviner : elle est pointillée sur la figure 4, mais elle n'est pas moins réelle sur le terrain. C'est une des raisons pour lesquelles il est utile de pousser le comptage jusqu'à la catégorie des perches (15 centimètres de diamètre ou 40 centimètres de circonférence), même en conservant la convention de ne pas tenir compte de leur cube.

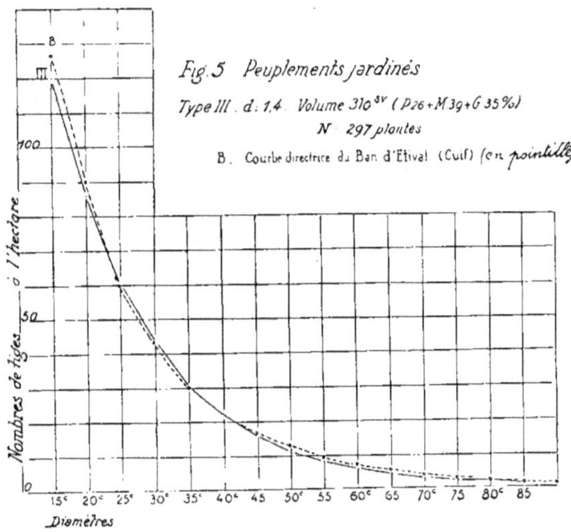

B. Tout peuplement *jardiné* (de tous âges) en équilibre, c'est-à-dire tel que le jeu de la coupe et de la régénération continue puisse maintenir sa composition constante, se dessine par un arc régulier, tel que les nombres de tiges décroissent, d'une catégorie à l'autre, suivant un rapport constant. Cette loi approximative a été trouvée par M. DE LIOCOURT (*Op. cit.*, 1898) au moyen de la statistique de sapinières bien traitées. Elle a été confirmée par le calcul des probabilités de l'élimination d'une tige inférieure au voisinage d'une tige dominante dont la cime se développe. Les figures 5, 10, 11, 12 dessinent plusieurs types de cette courbe en arc dans des stations diverses, où le coefficient de décroissance (raison de la progression géométrique) diffère.

C. Voilà une très grande et nette différence entre le peuplement équienne, qui s'écrit par une courbe en cloche, et le peuplement jardiné, qui s'écrit par une courbe en arc.

Il y en a une autre sur le terrain : c'est que le peuplement équienne, crû en massif serré, a toutes ses cimes à peu près dans le même plan, que même ses petits arbres sont hauts, et qu'en conséquence on y voit loin sous bois ; tandis que les petits arbres du peuplement jardiné, étant plus jeunes que les autres, sont aussi moins hauts ; que leurs cimes bien développées s'étagent au-dessous de celles des gros et arrêtent la vue.

Il faut noter enfin la propriété caractéristique du peuplement équienne opposée à celle du peuplement jardiné : c'est que l'accroissement du premier varie avec son âge, croît assez rapidement, passe par un maximum à un état encore jeune (sapins de 60 à 80 ans), puis décroît. S'ensuit qu'un peuplement à dominante équienne, qui varie, ne peut assurer un rapport soutenu ; tandis que le peuplement jardiné en équilibre, qui se renouvelle-semblable à lui-même dans le mélange de ses âges, peut avoir une production soutenue.

Or le forestier travaille habituellement 'sur des peuplements intermédiaires entre les deux types, imparfaitement jardinés ou partiellement équiennes, et il lui est indispensable, pour les bien conduire, d'en faire le diagnostic. Ces peuplements s'écrivent par une *courbe à bosse*. La différence d'ordonnées entre l'arc régulier et la courbe réelle représente un petit peuplement équienne qui se mêle au peuplement jardiné (figure 6).

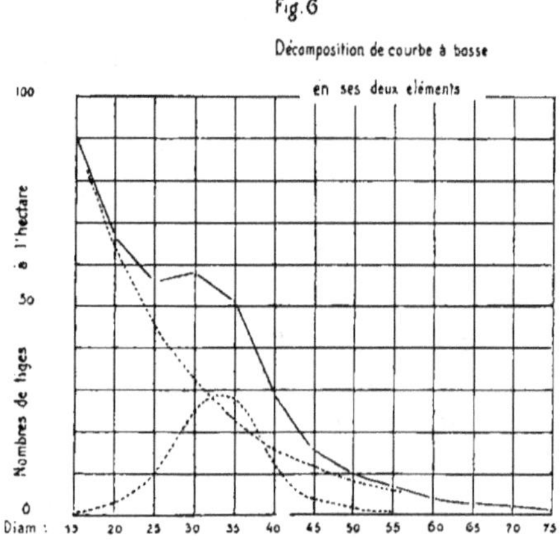

C'est que la courbe en arc n'est qu'une limite, supposant l'équilibre parfait de l'exploitation et de la régénération ; et l'on n'obtient cet état d'équilibre que par à peu près : les années de semences et de réussite du semis ne sont pas partout ininterrompues ; des à-coups sont difficiles à éviter ; il importe seulement qu'ils ne soient pas excessifs.

La bosse signifie que la forêt a subi, à une époque antérieure, une coupe inconsidérée ou accidentelle, provoquant ou dégageant une régénération surabondante, partiellement régulière. De période en période, cette bosse avance en se résorbant, tout comme on voit faire au corps d'une couleuvre qui vient d'avaler un rat. C'est exactement un petit perchis régulier que le peuplement jardiné est en train d'assimiler (figure 7).

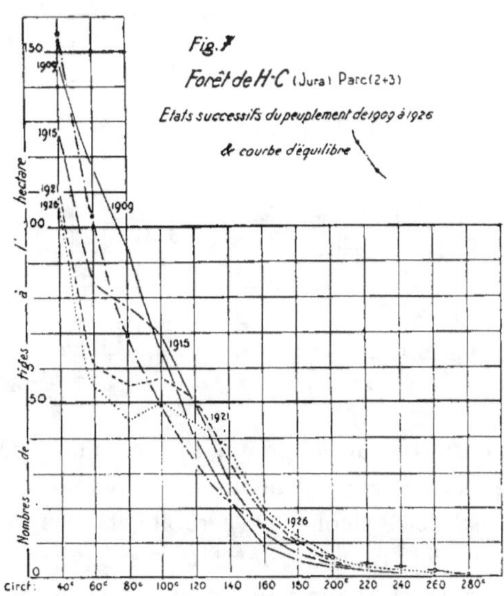

Cependant la présence même de cet excès de bois moyens, tenant plus de place qu'il ne serait normal, gêne la régénération et fait baisser aussitôt l'effectif des petits bois. C'est ce qui est arrivé dans cet exemple, où l'on s'est aperçu un peu tard de la diminution des perches. On a réussi à l'enrayer, et l'état jardiné n'est pas compromis.

Mais il arrive aussi que le rat est trop gros et que la couleuvre ne le digère pas : c'est alors que l'état jardiné est perdu, la régénération arrêtée, et qu'on est retombé en futaie régulière. La figure 8 représente une futaie mûre qui, depuis plus de 30 ans, se troue et s'en va sans régénération développée.

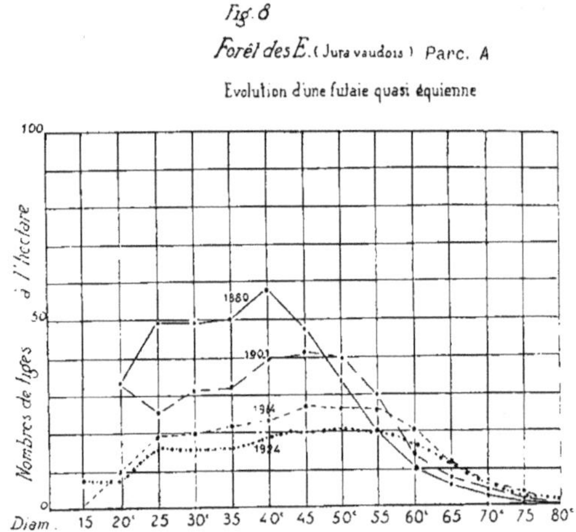

Lisons au contraire, sur la figure 9, l'image d'un peuplement double caractéristique de la régénération jardinatoire. La courbe se décompose en deux éléments : à droite, la courbe aplatie représente une futaie d'Epicea et de Sapin, très âgée, mais encore magnifique et assez saine pour qu'on puisse en maintenir les restes le plus longtemps possible, tandis que se développe dans ses trouées (2/3 de la surface environ) une régénération complète mélangée, faite d'apports successifs et continus, qui se dessine dans l'élément de courbe de gauche et prépare un beau peuplement jardiné.

On a reconnu dans les figures 1, 2, et 3, au § 7, des types de
peuplements imparfaits ou semi-équiennes, avec prépondérance
de petits, de moyens ou de gros. En particulier, la figure 1 représente le résultat d'un assez fort à-coup de régénération ; l'on
remarquera la très forte pente de cette ligne, qui est la branche
descendante de la courbe en épingle-à-cheveux du perchis
presque régulier, par opposition à la ligne bien moins inclinée

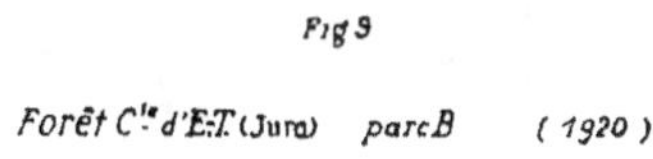

Fig 9

Forêt Cie d'E.T. (Jura)   parc B   (1920)

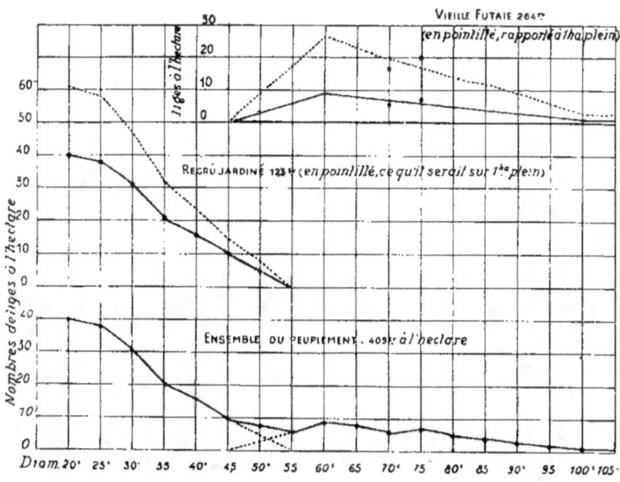

à gauche de la figure 9, caractéristique de la régénération
continue ou progressive. Ainsi l'on ne confondra pas les courbes
de ces deux types très différents : celui du repeuplement en
masse, qu'on ne peut pas empêcher d'évoluer comme sur les
figures 7, 8, et celui d'une forêt réellement jardinée.

C'est aussi ce type de la figure 9 qui apparaît dans l'enrésinement spontané d'un taillis, par apports successifs. On voit alors, de période en période, l'élément de courbe en arc peu incliné avancer à peu près parallèlement à lui-même de gauche à droite, jusqu'à ce que le couvert soit complet. La régénération n'apparaîtra plus alors que dans les trouées des coupes ; l'art du forestier sera d'entretenir, par les coupes, la régénération et le passage à la futaie dans la mesure nécessaire et suffisante à l'équilibre.

Relevé de la figure 5 : Peuplement jardinés :
Voir tableaux, page 75, pour le Type III ;
*   »   page 77, pour la courbe B.*

Relevé de la figure 6 : Courbe à bosse.

Catégories de diamètre :	Peuplement jardiné	Peuplement régulier	Ensemble :
cm			
(15)	(90)	(1)	(91)
20	64	3	67
25	46	10	56
30	33	25	58
35	23	28	51
40	16	13	29
45	12	4	16
50	8	2	10
55	6	1	7
60	4	0	4
65	3	»	3
70	2	»	2
75	1	»	1
	218	+ 86	= 304 tiges à l'ha

Figure 7 : Évolution du peuplement de la Forêt de H-C, parcelles 2 et 3, de 1909 à 1926 et courbe d'équilibre.

Catégories de circonférence	MF 1909 N	MF 1915 N	MF 1921 N	MF 1926 N	Courbe d'équilibre N	V
cm						sv
(40)	(147)	(127)	(110)	(108)	(155)	»
60	117	84	61	55	103	24,9
80	94	77	55	45	69	32,6
100	65	69	57	50	49	38,4
120	40	50	50	44	33	42,1
140	22	27	33	37	22	40,8
160	9	13	18	20	15	37,8
180	5	7	10	12	10	32,7
200	3	4	4	6	6 $^1/_2$	26,6
220	2	2	3	3	4	19,8
240	1	1	1	2	3	17,7
260	ε	ε	1	1	2	13,7
280	0	0	0	ε	1	7,9
N. de tiges à l'ha...	358	334	293	275	317 pl.	335 sv

Relevé de la figure 8 : Forêt des E., parc. A, de 1889 à 1924.

Diamètres	1889	1901	1914	1924
cm				
(15)	?	?	(2)	(8)
20	33	34	10	8
25	48	25	19	16
30	48	31	20	16
35	50	32	22	16
40	58	39	23	19
45	48	41	27	20
50	34	40	26	21
55	20	29	26	20
60	11	14	21	17
65	6	8	11	12
70	3	5	7	6
75	1	2	4	4
80	ε	ε	1	2
Totaux.....	360	300	217	177 tiges à l'ha

Relevé de la figure 9 : Forêt d'E-T, parcelle B, 1920 (7 ha, 94 réduits à 1 hectare).

Diamètres :	Inventaire en bloc Sap. + Ep.	Recru jardinatoire		Vieille futaie	
		tel qu'il est :	s'il couvrait 1 hectare	telle qu'elle est	si elle était pleine :
cm					
20	40	40	61		
25	38	38	58		
30	31	31	47		
35	21	21	32		
40	16	16	24		
45	10	10	15		
50	8	5	8	3	9
55	6			6	17
60	9	»	»	9	26
65	8			8	23
70	6			6	17
75	7	»	»	7	20
80	5			5	14
85	4			4	12
90	3	»	»	3	9
95	2			2	6
100	1			1	3
105	1			1	3
Total N :	216	= 161		+ 55 (245 p.)	(159 p.)
Vol :	409 sv	= 125 sv		+ 284 sv (190 sv)	(825 sv)

CHAPITRE V

DIRECTION D'AMÉNAGEMENT

§ 19. L'équilibre.

Tout traitement raisonné tend vers un idéal. La méthode du contrôle veut chercher le sien par l'expérience, dans la critique du peuplement réel lui-même. Son but est d'obtenir l'accroissement maximum en valeur, avec la moindre accumulation de matériel qui puisse en assurer la permanence (Biolley).

Il y a dans cet idéal deux idées :

1° Celle de la permanence du peuplement, ou de l'équilibre :

par la régénération continue (A),

le passage régulier à la futaie (B),

la proportion convenable entre les catégories de grosseur (C), jusqu'à une limite d'exploitabilité (D) ;

2° Celle du revenu maximum, qui sera l'objet du paragraphe suivant (§ 20).

Pour guider le forestier dans cette recherche, bien des certitudes manquent encore ; mais une pratique déjà cinquantenaire a donné des repères presque suffisants. Les voici.

A) *Densité.* — La première condition de permanence du peuplement est que la régénération reste continue. Or elle est commandée, toutes choses égales d'ailleurs, par la densité. Celle-ci est bonne lorsqu'on voit partout du semis présent, mais opprimé et qui ne se développe que par petits bouquets (cônes de régénération).

La densité du peuplement jardiné s'exprime, dans la pratique, par son volume à l'hec are, bien que, strictement, cela prête à objection .

Dans les recherches théoriques, la *surface terrière* est souvent employée. On appelle ainsi la section de la tige à 1 m. 30, ou la surface du cercle dont le diamètre est donné par le compas. Le barême s'en trouve ici aux annexes XI et XII. .

En s'en servant comme d'une sorte de tarif d'aménagement qui ne tiendrait pas compte de la variation de hauteur, on obtient aisément la surface terrière du peuplement (somme des sections des arbres mesurés à 1 m. 30). Cette grandeur est particulièrement intéressante à considérer en forêt jardinée, parce qu'en vertu de la loi approximative d'espacement ou du développement normal des cimes (15 fois le diamètre du tronc), la surface couverte par celles-ci se trouve proportionnelle à la surface terrière, et l'on raisonne de l'une par l'autre, à l'échelle de 1/225.

Plus le peuplement est haut, plus la densité peut être grande : parce que les cimes, étagées dans un vaste intervalle, laissent parvenir au sol plus de lumière ; et encore, au moins autant, parce que la concurrence des racines est alors moins fâcheuse au semis. Dans un sol profond, les grands arbres enfoncent leurs racines et les petits trouvent place assez près d'eux. Lorque tous les arbres, au contraire, se disputent une même zone du sol, ils l'assèchent. Comme les sols superficiels sont aussi les plus défavorables à la croissance des grands arbres, les deux phénomènes sont à la fois causes et symptômes. Quel que soit le sol, dans les peuplements anormaux par excès d'arbres moyens, la densité compatible avec la régénération devient moindre, pour les mêmes raisons d'étagement des cimes et de concurrence des racines.

Ainsi, si théoriquement, avec des cimes normalement développées, ayant 15 fois le diamètre du fût, et au contact, un peuplement jardiné peut avoir 37 m. q. de surface terrière (1),

---

(1) 1 hectare : $\overline{15}^2$ = 44 mètres carrés de surface terrière (si les cimes étaient carrées) ; $44 \times \frac{\pi}{4}$ = 35 mètres carrés (si les cercles étaient tous égaux) ; mais avec l'intercalation des petits entre les gros, on arrive à 37 mètres carrés.

cette densité n'est compatible avec la régénération que dans les peuplements les plus hauts et les sols les plus fertiles (c'était exactement la densité de celui de la figure 9) ; c'est une limite. Dans les sols moins bons, la régénération s'arrête à 30 mètres carrés de surface terrière et même en-deçà. Les cimes des arbres ont toujours à peu près le même développement, et la loi d'espacement reste vraie ; mais le peuplement bas garde des rous où le semis ne s'installe que peu à peu.

Le résultat moyen de l'expérience peut s'exprimer par cette relation facile à retenir : la densité compatible avec la régénération continue, exprimée en sylves à l'hectare, est décuple de la hauteur totale en mètres des arbres les plus hauts ; par exemple 300 sylves si la hauteur maxima observée est 30 mètres (1).

Cette relation moyenne est, bien entendu, approximative : la régénération ne dépend pas de la seule densité, mais aussi de la nature et de l'état du sol, et encore du climat. L'expérience locale reste indispensable.

Le chiffre est pourtant à peu près le même pour le Sapin et l'Epicea. Mais la présence du Hêtre soulève la question des *mélanges*.

Les feuillus doivent être considérés, en dehors de la valeur commerciale de leur bois, comme éléments améliorants, favorables à l'ensemencement, à la solidité de la forêt et à son accroissement. A ce point de vue seul, une proportion en volumes de 1/10 de feuillus (2) est une moyenne très recommandable, qui n'abaisse pas la densité-limite du peuplement, et plutôt l'améliore. Dans les bons sols, 5 % peuvent suffire : 15 % ne sont pas trop pour des sols médiocres. Mais au-delà de 15 % en volumes, le Hêtre est un concurrent à surveiller. S'il forme des placettes pures, la densité limite du peuplement jardiné s'abaisse, car la

(1) Cela s'entend du matériel moyen. Pour se rapporter au matériel final, il suffit d'ajouter 1/10 : car en supposant que l'intensité habituelle de la coupe est de 1/5 du volume. elle fait osciller le matériel de 1/10 en plus et en moins du chiffre moyen.

(2) Comme le Hêtre est généralement moins gros que les résineux et reste surtout en sous-bois, la proportion exprimée en nombres d'arbres serait plus forte (1/4 à 1/3).

densité normale du peuplement pur de Hêtre est d'environ 2 /3 à 3 /4 de celle du Sapin.

B) *Passage à la futaie.* —- Si la condition de régénération suffisante est satisfaite, au moment du semis, par une densité convenable, elle s'exprime, au moment où les arbres viennent figurer au comptage, par l'effectif de la plus petite catégorie, point de départ de la courbe. Or ce point de départ est déterminé par le passage à la futaie, comme suit : Dire que le temps de passage est, par exemple, 12 ans, c'est dire qu'année moyenne, de 12 perches, il en passe une à la catégorie supérieure. Alors, si l'on exploite en moyenne n pieds d'arbres par hectare et par an ; si d'autre part le temps de passage de la plus petite catégorie est p ans, il faut avoir à la catégorie des perches un effectif $n. p$ pour que le passage à la futaie vienne, chaque année, compenser numériquement les exploitations, dans les conditions présentes, bien entendu.

On peut toujours déterminer ce point de départ : ses deux facteurs sont mesurables. Pour le nombre de pieds à couper par hectare, qu'on sait voisin de 7, à défaut d'une longue expérience sur la forêt même, il suffit de faire le quotient de la production mesurée par le volume de l'arbre moyen.

Observons que l'arbre moyen de la coupe est plus gros que l'arbre moyen du peuplement, d'un tiers environ ; la raison de ce fait d'expérience est simplement que, les petits arbres se développant moins vite que les gros dans le massif jardiné, on en coupe relativement moins. En conséquence, pour évaluer exactement le passage à la futaie nécessaire au moyen de la production constatée et du volume de l'arbre moyen, si c'est l'arbre moyen du peuplement sur pied, il faut prendre pour résultat les 3 /4 du quotient.

Pour le temps de passage, on le calcule comme au § 16, ou bien on le mesure par une série suffisante de sondages à la tarière Pressler (Voir § 14) ; on groupe ces sondages de façon à obtenir une valeur approchée du temps de passage des perches, toujours nettement plus long que celui des catégories moyennes et grosses.

Fixé de la sorte pour l'époque présente, ce point de départ n'est pas immuable. Un bon traitement l'abaisse 1° en enrichissant le peuplement, ce qui grossit l'arbre moyen et diminue le nombre des arbres exploités pour la même production globale ; 2° en assainissant le matériel et mieux disposant les cimes, ce qui raccourcit le temps de passage ; ainsi il n'y a pas de régénération gaspillée.

En comptant sur la coupe de 7 pieds d'arbres (à partir de 20 centimètres de diamètre) par hectare et par an, si c'est avoir déjà beaucoup amélioré le peuplement qu'obtenir la promotion des jeunes catégories en 12 ans, l'effectif nécessaire à la catégorie de (15) serait ainsi $7 \times 12 = 84$, pour le Sapin [en comptant par circonférences, 110 perches de (40)]. Ce n'est peut-être pas le minimum ; mais avec une forte proportion d'Epicea et de Hêtre, et dans les stations plus ingrates, on arrive à doubler ce chiffre.

C) *La gradation*, ou proportion entre les diverses catégories de grosseur, est commandée par la loi de Liocourt, troisième condition d'équilibre.

Elle peut s'exprimer par une proportion centésimale entre les volumes des gros arbres, des moyens et des petits. Avec les coupures fixes de Gurnaud entre ces classes de grosseur, indiquées au § 4, on se proposera, par exemple, dans un cas donné, l'idéal de 35 % de gros, 40 de moyens et 25 de petits. Celui qu'avait proposé Gurnaud : 50 % de gros, 30 de moyens et 20 de petits, n'est qu'une limite, réalisable dans des peuplements très élevés.

Nous préférons définir la gradation par le coefficient de décroissance de Liocourt, rapport du nombre des tiges d'une catégorie à la suivante. Il varie suivant les circonstances : d'une station rude à une très favorable, il s'abaisse (pour les catégories par 5 centimètres de diamètre) de 1,5 à 1,3 (ou, pour des catégories par 20 centimètres de circonférence, de 1,7 à 1,4).

L'Epicea, qui atteint moins facilement de très fortes dimensions, entraîne une décroissance plus rapide que le Sapin ; et le Hêtre pareillement. L'état jardiné par bouquets, qui se rapproche de celui d'une série de futaie régulière, est aussi caractérisé par une décroissance plus rapide. Mais au-delà de 1,5 (par diamètres), on a quitté le régime du jardinage.

Un bon traitement abaisse le coefficient de décroissance 1° en abaissant, comme on vient de le voir (B), le point de départ de la courbe ; 2° en éloignant, comme on va le montrer (D), son point d'aboutissement.

D) Le point d'aboutissement de la courbe est le terme d'*exploitabilité*.

Il dépend de la vigueur de la végétation, parfois des nécessités de vidange, et encore, comme on le verra plus loin (§ 20), du taux de placement qu'on veut obtenir. Mais il s'agit ici de l'équilibre physiologique du peuplement, aucune condition n'étant opposée à la présence de grands arbres, tant qu'ils sont parfaitement vigoureux : tant que les Sapins ne montrent pas, par leur cime tabulaire, que leur croissance en hauteur est arrêtée ; tant que leur feuillage reste bien plein et la veine de leur accroissement, soutenue. L'on conviendra, pratiquement, d'arrêter la courbe à la dimension au-dessus de laquelle on ne trouve plus habituellement, dans la région considérée, au moins un arbre par hectare parfaitement bien venant. En un mot, on constatera l'exploitabilité physique ainsi définie.

Un bon traitement arrive à produire de gros arbres qui sont moins vieux et plus sains : il recule ainsi la limite d'exploitabilité.

Cet élément d'appréciation peut manquer si la forêt, et ses voisines aussi, ont été si fort ruinées qu'on ne puisse plus juger de la santé des gros arbres disparus ; c'est pourquoi le coefficient de décroissance (C) est une donnée d'utilité plus générale.

La *courbe d'équilibre* d'un peuplement, à l'époque présente, est ainsi déterminée :

1⁰ par son point de départ, l'effectif des perches (B),

2⁰ par sa forme en progression géométrique décroissante, dont la raison peut être prise entre deux limites connues (C) ;

3⁰ par son point d'aboutissement ou exploitabilité (D),

4⁰ par la densité du peuplement résultant, dont on connaît la limite supérieure (A).

Deux exemples seront donnés au § 21.

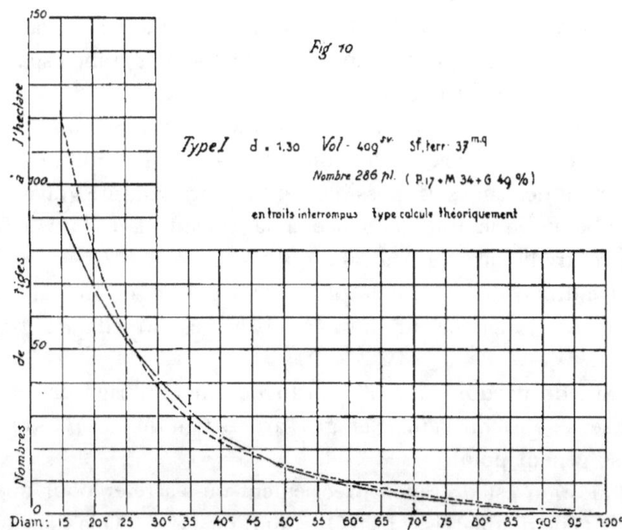

§ 20. L'idéal

Ce qui précède détermine la courbe d'équilibre du moment, mais non la forêt idéale ou normale dans la station considérée.

Cet idéal a deux aspects : cultural ou financier.

A) *Au point de vue cultural*, notre but est clair : sous la condition d'équilibre, produire le plus possible, et de la plus belle marchandise.

On peut bien admettre, d'après tout ce que nous savons sur la vie des arbres et des peuplements, que la forêt la plus productive sera celle qui, par unité de surface, sera le mieux garnie d'arbres, bien étagés pour remplir de feuilles le plus grand espace, tout en ne se gênant point.

La condition d'être bien étagés coïncide avec la condition d'équilibre : c'est avec la gradation qui assure l'équilibre que l'étagement des cimes est possible ; et toute irrégularité grave de la courbe indique une tendance à la constitution d'un seul étage, contradictoire à cet idéal de jardinage.

La condition de remplir le plus grand espace, ou de gagner de la hauteur, incite à faire aux grands arbres la meilleure part possib'e.

Le but de produire du plus beau bois nous dirige dans le même sens : enrichir la forêt en gros arbres tant qu'ils sont sains et ne se gênent point.

La question est de savoir précisément où s'arrêter pour que l'état de gêne n'apparaisse pas. On a indiqué (§ 19, A) la densité qui paraît en moyenne, selon la station, compatible avec *la régénération* : et c'est bien une limite. Y en a-t-il une autre, marquant la gêne *végétative* et arrêtant plus bas le matériel du maximum de production ? Cela n'est pas probable, selon notre expérience ; mais c'est à vérifier pour chaque cas par tâtonnements, en même temps que le point exact de gêne à la régénération.

La courbe d'équilibre d'un peuplement pas trop anormal bien traité, en route vers l'idéal, se modifie peu à peu, comme on l'a vu au § 19, par une sorte de basculement, partant de perches moins nombreuses (régénération suffisante sans gaspillage) et s'étendant vers les gros (gain de hauteur). La densité croissante n'arrête pas de suite la régénération, si elle est rachetée par un meilleur étagement, et parce que le sol aussi s'améliore. Du tout résulte un bénéfice parce que, la production totale variât-elle peu, l'arbre moyen de la coupe grossit, et le mètre cube se vend plus cher.

B) *Au point de vue financier*, notre but est de produire aux moindres frais, sans excès de capital engagé.

On peut se proposer de calculer l'avantage qu'on aura à conserver ou non de gros arbres, comme on calcule, en futaie régulière, l'âge d'exploitabilité d'un peuplement, en arrêtant celui-ci lorsque son accroissement cesse d'être supérieur à la moyenne des accroissements de tout ce qui précède ; c'est-à-dire, ici, en vouant automatiquement à la hache la catégorie de grosseur où le gain en argent par unité de surface couverte devient inférieur au gain moyen des catégories plus petites, parce que l'adjonction de la catégorie nouvelle va faire baisser la moyenne. C'est le calcul de l'exploitabilité économique.

Pour faire sainement sur la forêt jardinée ce calcul, dont nous devons le principe à M. Borel, il faut d'abord tenir compte de la composition normale du peuplement en équilibre, loi physiologique hors de laquelle toute spéculation est vaine. Le tableau de la page 71 est construit sur le type II (Voir ci-après).

Il faut ensuite connaître la production par catégories. Elle est ici calculée selon le mode du § 14, avec des temps de passage vraisemblables pour ce type, empruntés au premier exemple du § 16, où le

peuplement étudié était de même densité que ce type et l'aurait eu
pour courbe d'équilibre.

Il faut encore appliquer des prix unitaires à chaque catégorie de
grosseur. Mais cette donnée essentielle manque de précision et varie
souvent d'une année à l'autre dans des proportions déconcertantes ;
ce qui semble vrai aujourd'hui ne le sera plus demain. Une seule loi
paraît résister au temps ; elle a été trouvée et vérifiée par ceux qui
vendent leur bois abattu et au détail : le prix du mètre cube de résineux croît à peu près proportionnellement à la grosseur, sauf difficultés
exceptionnelles de débardage ou dépréciation des gros bois tarés. Mais
nous admettons d'abord ici qu'on ne conserve jamais un arbre dépérissant ou taré.

Enfin, pour équivalent de la surface couverte, on admet dans le
présent calcul la surface terrière, par application de la règle d'espacement, bien suffisamment exacte : le diamètre de la cime est quinze fois
le diamètre du fût.

La conclusion de ce calcul, qu'on peut répéter sur d'autres
types, est très nette, à travers quelques ressauts inévitables des
chiffres : Normalement, la condition d'exploitabilité économique
ne joue pas ; le gros arbre bien venant paye sa place au moins
aussi cher que les autres, améliore le revenu en argent de la
forêt et enrichit son propriétaire. C'est en ce sens qu'on a pu
dire (§ 2 et § 19, D) qu'il n'y a, en forêt jardinée, d'autre exploitabilité que celle commandée par la fertilité de la station : on
la constate, on ne la calcule pas.

A condition, bien entendu : 1° que les gros arbres aient une
veine soutenue et qu'on les sacrifie au premier signe de dépérissement ;

2° qu'un débardage exceptionnellement pénible dans certains
cantons n'annule pas la valeur des grosses pièces ; s'il en était
ainsi, sans espoir d'améliorer la situation, une base ou deux du
calcul qui précède serait modifiée, et l'on trouverait, en suivant la
même marche, une limite d'exploitabilité économique.

On règlera par là la longueur du compas, pour couper tout
ce qu'on verra dépasser. Il en résultera, la place des gros arbres

Calcul de l'exploitabilité économique (Type II).

Catég. D.	Effectif	T. P.	Gain d'1 par an	Accrt. en vol	Prix unit.	Accrt. argent	Sf terr.	Gain par mq	
								par ctg	moyen
cm.		ans	sv	sv	fr.	fr.	mq	fr.	fr.
(15)	(105)	(17)		(PF)			(1,86)		
20	78	15	0,011	0,858	70	60,10	2,45	24,50	
25	58	13	0,016	0,928	75	69,60	2,84	24,50	
30	43	11	0,026	I.118	80	89,40	3,04	29,40	
									26,30
35	32	11	0,032	1,024	85	87,00	3,08	28,20	
40	24	11	0,040	0,960	90	86,40	3,01	28,70	
									27,30
45	18	10	0,050	0,900	95	85,50	2,86	29,90	
50	13	(10)	0,054	0.702	100	70,20	2,55	27,60	
									27,50
55	10	(9)	0,066	0,660	105	69,40	2,38	29,10	
60	7	9	0,071	0.497	110	54,70	1,98	27,60	
									27,80
65	5	8	0,084	0,420	115	48,20	1,66	29,10	
70	4	7	0.102	0,408	120	49,00	1,54	31,80	
									28,00
75	3	7	0,106	0,318	125	39,80	1,32	30,10	
80	2	(6)	0,129	0,258	130	33,50	1,00	33,50	
									28,40
85	2	(6)	0,133	0,266	135	35,90	1,13	31,70	
90	1	6	0,136	0,136	140	19,00	0,64	29,70	
	300 pl.						31mq48		28fr,50
	358 sv			9 453 sv		897fr,70			

$$+ \text{PF} \frac{105}{17} \times 0,27 = 1,66 \times 70 \quad 116,20 \text{ par le passage à la futaie.}$$

Production totale.... II sv .... I 014 fr

proscrits remplie par de la jeunesse, une courbe d'équilibre artificiel différente de celle que la station était capable d'entretenir normalement. Un exemple, d'application assez fréquente, en est donné au § 21, C.

Cela dit pour les cas où la dimension d'exploitabilité doit être réduite pour une raison objective, on peut envisager la même mesure pour une raison subjective : car si le gros arbre augmente le revenu, il n'améliore pas le taux de placement. En respectant toujours les beaux arbres évidemment pleins de vie, on peut être plus ou moins sévère à juger l'état de ceux qui vont atteindre le terme de leur crois·ance en hauteur.

Cette opération de réduction de capital sera légitime dans une mesure modérée et surtout à titre temporaire, pour faire jouer la caisse d'épargne. Il ne doit jamais être question d'abaisser le matériel au-dessous de ce qui est réellement nécessaire pour occuper complètement le sol avec la plus grande hauteur dans l'atmosphère, et par là produire le maximum : ce serait une sorte de défrichement partiel, une jachère faute de train de culture, une déchéance. S'il fallait avancer un chiffre, si vague soit-il, pour limite inférieure du matériel moyen de la sapinière, dans une station médiocre, nous donnerions celui de 230 sylves.

Mais on n'aura pas à se repentir de demander à la nature tout ce qu'elle peut donner. Il suffit que, ce faisant, le taux ne tombe pas au-dessous d'un chiffre raisonnable, eu égard à la sécurité du placement. Or le peuplement équilibré, plutôt riche, qui vient de nous servir d'exemple, produit encore à peu près 3 %, et cela n'a rien d'exceptionnel.

C) A titre de repères, voici quatre compositions-*types*, graduées suivant la loi de Liocourt par leurs coefficients de décroissance de plus en plus forts ; par l'effectif au point de départ, les perches de plus en plus nombreuses ; et aboutissant à des dimensions-limites de moins en moins grosses.

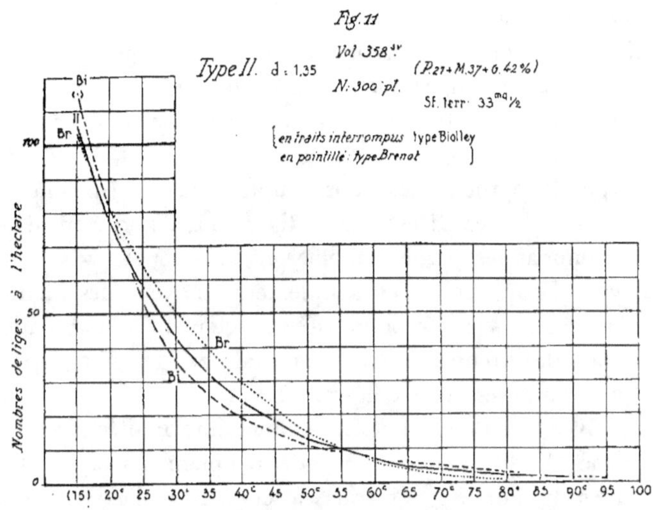
Fig. 11
Type II. d : 1,35
Vol 358 st
N : 300 pl.
(P.27 + M.37 + 6.42 %)
Sf. terr. 33 mq ½
[en traits interrompus : type Biolley
en pointillé : type Brenot   ]
Nombres de tiges à l'hectare
100
50
0
Bi
Br
II
Br
Bi
(15) 20° 25 30° 35 40° 45 50° 55 60° 65 70° 75 80° 85 90° 95 100

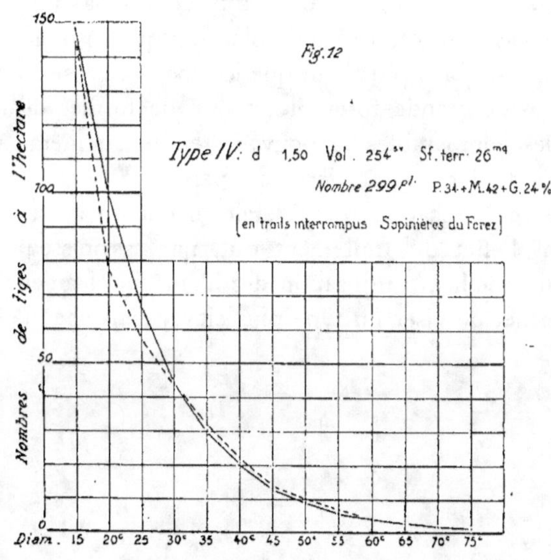
Fig. 12
Type IV: d 1,50 Vol. 254 st Sf. terr. 26 mq
Nombre 299 pl. P.34 + M.42 + G.24 %
[en traits interrompus : Sapinières du Forez]
Nombres de tiges à l'hectare
150
100
50
0
Diam. 15 20° 25 30° 35 40° 45 50° 55 60° 65 70° 75°

Le type I semble correspondre à la plus haute fertilité des sapinières que nous connaissons, ce qui ne veut pas dire qu'il soit impossible de trouver mieux. Il est, sur la figure 10 (page 67), comparé à la courbe théorique obtenue par le calcul des probabilités.

Le type II approche des bons peuplements du Jura moyen et des basses-Vosges. Il est, sur la figure 11, encadré entre des types recommandés par M. Biolley et M. Brenot.

Le type III approche des peuplements moyens des hautes-Vosges et des Alpes. Il répond assez exactement à la gradation centésimale des volumes trouvée normale par M. Niggli pour les Alpes vaudoises. Il est figuré au § 18 (fig. 5) et au § 21 (fig. 14) avec son type III *bis* à exploitabilité limitée.

Le type IV (fig. 12) approche de peuplements encore très honorables du Forez et Vivarais (forêts à Myrtilles).

Prendre ces indications géographiques pour exclusives serait un contre-sens. Le type I, par exemple, n'est pas introuvable dans les basses-Vosges, à côté de plateaux qui ne pourront, de longtemps, viser bien plus haut que le type IV. C'est pourquoi, dans une assez grande forêt, il est bon de former des *séries* de parcelles comparables et pouvant tendre au même idéal ; mauvais, de tailler à toutes le même patron.

Prendre ces indications pour fatales serait un autre contre-sens, niant l'effet du traitement qui, par assainissement du peuplement, meilleure utilisation des éléments et amélioration du sol, permet de viser un type plus élevé, dans chaque cas.

Types gradués de peuplements en équilibre.

Diamètres :	I $d = 1,30$	II $d = 1,35$	III $d = 1,40$	IV $d = 1,50$	Observations :				
cm					Pourcentage des volumes, groupés selon les classes de Gurnaud :				
(15)	(90)	(105)	(120)	(150)	Types	I	II	III	IV
20	69	78	86	100	Petits......	17	21	26	34
25	53	58	61	67	Moyens	34	37	39	42
30	41	43	44	44	Gros.......	49	42	35	24
35	32	32	31	30					
40	24	24	22	20		100	100	100	100
45	19	18	16	13					
50	14	13	11	9					
55	11	10	8	6					
60	9	7	6	4					
65	7	5	4	3					
70	5	4	3	2					
75	4	3	2	1					
80	3	2	2	»					
85	2	2	1	»					
90	2	1	»	»					
95	1	»	»	»					
Total N....	286	300	297	299	(non compris la catégorie (15 cm)				
Volume.....	409 sv	358 sv	310 sv	254 sv					
Arbre moyen	1 sv 4	1 sv 2	1 sv 04	0 sv 85					
Sf. terrière..	37 mq	33 mq	30 mq	26 mq	y compris la catégorie (15 cm)				

Le tableau suivant groupe les compositions moyennes des peuplements les mieux traités, les plus visiblement prospères dans diverses régions, relevées par divers forestiers :

A. d'après M. Biolley *Le jardinage cultural*, 1901 (Jura neuchâtelois).

B. Courbe directrice des séries d'expériences de l'Ecole Forestière au Ban d'Etival (Vosges), par M. Cuif, 1906.

C. d'après M. de Liocourt, *op. cit.*, 1898-1900. Statistique sans arrangement de forêts des Hautes Vosges.

D. d'après M. Brenot, *op. cit.*, 1907 ; moyenne de 3 peuplements.

E. d'après deux d'entre nous. Savoie et Dauphiné, Epicea dominant. Moyenne de plusieurs peuplements analogues.

F. d'après M. Vessiot, *Revue des Eaux et Forêts*, 1899 et l'un de nous. Moyenne de 2 peuplements en bel état (Forez, sur granites, 800 à 1.000 mètres).

Leur comparaison avec les types gradués sert à la fois de mesure à l'incertitude des appréciations de leurs auteurs, et de confirmation aux lois moyennes d'équilibre, traduites par les courbes-types qu'elles encadrent. Cette incertitude ne semble pas considérable au regard des autres aléas du traitement, et l'on peut suivre les directrices-types avec sécurité.

Aussi bien l'important n'est-il pas de connaître d'avance l'idéal précis de la station où l'on opère, mais de mettre d'abord en équilibre le peuplement actuel, tel qu'on l'observe et le mesure. Cela suffit pour voir de suite ce qui pèche dans la composition présente et dans quel sens doit agir le traitement. La courbe d'équilibre s'améliorera à mesure des résultats obtenus, et l'expérience en fera voir le bénéfice. C'est dans ce sens qu'il faut chercher l'idéal et l'attendre comme résultat de la culture, non le poursuivre comme but immédiat.

Peuplements considérés comme normaux par divers auteurs.

Diamètres :	A Biolley	B Cuif	C de Liocourt	D Brenot	E Alpes	F Forez
cm						
(15)	(115 ?)	(126)	(115)	(103)	(160 ?)	(150)
20	82	90	91	82	119	78
25	53	60	70	64	75	57
30	36	43	53	51	54	43
35	26	30	39	40	39	32
40	19	22	29	30	28	22
45	15	17	20	22	19	14
50	11	13	14	15	13	10
55	9	9	9	10	8	7
60	7	7	6	6	5	4
65	6	$5\,^1/_2$	4	4	1	3
70	5	4	2	2	1	1
75	4	3	1	1	0	0
80	3	2	1	1	0	0
85	2	$1\,^1/_2$	1	0	0	0
90	1	1	0	0	0	0
95	1	0	0	0	0	0
Total N.......	280	308	340	328	362	271
Volume	355 sv	351 sv	340 sv	338 sv	301 sv	244 sv
Arbre moyen...	1 sv 26	1 sv 14	1 sv 0	1 sv 03	0 sv 83	0 sv 9
Sf. terrière.....	33 mq	33 mq	33 mq	32 mq	31 mq	25 mq

§ 21. Applications

A) *Exemple par circonférences : Forêt de H-C (Jura), parcelles 2 et 3*
(Voir figure 7, § 18. C'est le même peuplement dont on a calculé
l'accroissement au § 15).

1º Le dernier contrôle (1921-1926) fait apparaître un temps de
passage (sur 20 centimètres de circonférence), d'environ 14 ans pour
les perches (40).

On a exploité en moyenne par hectare et par an dans ces parcelles
10 arbres. L'effectif moyen des perches de (40) doit donc être
10 × 14 = 140.

2º Première recherche du coefficient de décroissance par le calcul :
la courbe devant partir de 140 tiges de (40) et pouvant aboutir à 1
arbre de (280) qui est normalement sain et bien venant dans la forêt,
en franchissant ainsi 12 échelons,

$$d^{12} = 140, \text{ d'où } d = 1, 5.$$

Pour représenter le matériel final tel qu'il est compté habituellement,
on majore le point de départ de 1/10, soit en tout 154 perches au lieu
de 140.

3º La densité compatible avec la régénération est, selon l'expérience
acquise ici, au plus de 336 sv en MF.

Après essai et petite rectification, on trouve que le coefficient calculé
1,5, avec le point de départ de 155 perches, conduit à une composition
du peuplement dont le volume total (335 sv) coïncide avec cette indication de l'expérience. Ce sera la courbe d'équilibre tracée sur la figure
7 et relevée à son tableau (p. 59).

B) *Exemple par diamètres* : *Forêt de L. (Auvergne) parcelle 7.*

(Figure 13. C'est le même peuplement dont on a calculé l'accroissement au § 14).

Description : Sur la majorité de la surface, futaie semi-régulière de Sapin, dense mais fortement trouée ; beaucoup de dépérissants ; la régénération Sapin manque et est remplacée par du Hêtre.

Recherche de la courbe d'équilibre.

1º Une série de mesures à la tarière Pressler indique, pour les perches de (15) de Sapin, un temps de passage (sur 5 centimètres de diamètre) de 22 ans. Pour le Hêtre, le temps de passage probable est 3/2 plus long, soit 33 ans.

La production annuelle à l'hectare constatée P, le volume de l'arbre moyen du peuplement a, celui de l'arbre moyen de coupe c évalué à 4/3 de a ; le quotient $n = \dfrac{P}{c}$ qui est la production en pieds d'arbres, sont :

pour le sapin, P = 7 sv, 8 ; a = 1 sv, 63 ; c = 2 sv, 17 ; n = 3 , 6
pour le hêtre, P = 1 , 25 ; a = 0 , 46 ; c = 0 , 61 ; n = 2 , 0

L'effectif moyen des perches de (15) nécessaire à l'équilibre actuel est :

pour le sapin, 22 × 3,6 = 80
pour le hêtre, 33 × 2,0 = 66. Tels sont les points de départ.

2º La décroissance de la courbe du Sapin peut mener jusqu'à l'exploitabilité de (85), soit 14 catégories à franchir. Celle de la courbe du Hêtre, qui va se superposer à celle du Sapin, mènera seulement à 1 arbre de (45), parce qu'il n'y en a pas, en fait, un par hectare de plus gros en bon état : soit 6 catégories à franchir. Alors :
pour le sapin, la décroissance d^{14} = 80 ; d'où d = 1,35
pour le hêtre, la décroissance d^{6} = 66 ; d'où d = 2,0

3º On a construit, en partant de 80 sapins de (15), cette courbe décroissant à la raison de 1,35 ; puis celle du hêtre partant de 66 perches de (15) et décroissant à la raison de 2 (colonnes 4 et 5 du tableau p. 81) ; on en a fait le cubage (détail omis ici pour ne pas charger le tableau) et l'on a obtenu (matériel moyen) : 253 sv de sapin + 31 sv de hêtre = 284 sv, chiffre beaucoup trop modeste, eu égard à la fertilité de cette station où les sapins dépassent 35 mètres de hauteur.

C'est que le peuplement en équilibre représenté ainsi n'est pas celui d'un hectare net : il a avec lui un corps étranger, la masse surabondante des vieux sapins de 50 centimètres de diamètre moyen (colonne 6 du tableau) qu'il va falloir régénérer, et dont la place sera libre alors pour augmenter le peuplement jardiné. Il serait vain de calculer cette place d'après le peuplement présent qui est très anormal, et de rectifier le résultat. On peut seulement, recourant aux données d'expérience extrinsèque, et estimant la fertilité d'après la hauteur des sapins, prévoir que l'équilibre définitif sera voisin du type II. Mais cet équi-

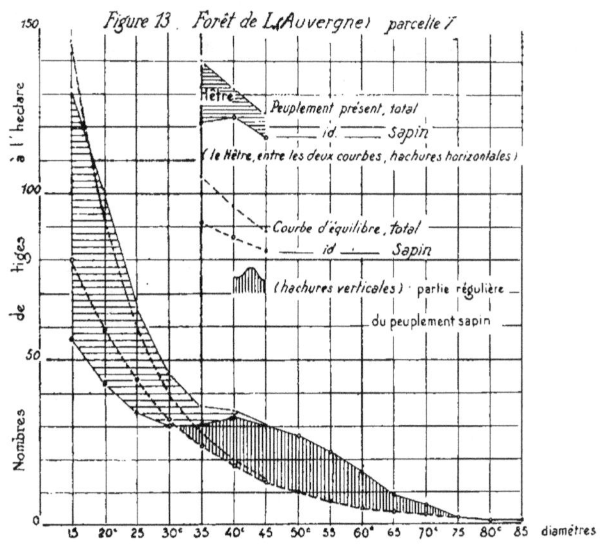

libre est très lointain, à cause de la grosse opération de régénération qui s'impose. Il est entendu que le premier tracé d'équilibre n'est pas un idéal ; il suffit cependant à faire ressortir la situation de fait et donne des indications claires pour le présent :

4º Au point de vue de l'*aménagement* : Équilibre (rapport soutenu) très compromis ; nécessité d'une forte réalisation (1/3 du peuplement) qui sera délicate à réussir. On commencera par couper 12 sv par hectare et par an (la production actuelle étant 9 sv). Le propriétaire prendra soin de faire remploi en capital du quart du produit des ventes

Forêt de L. (Auvergne), parcelle 7 — à l'hectare — V. fig. 13.

Diamètres	M.F. 1927		Courbes d'équilibre		Anomalies	
	Sapin N	Hêtre N'	Sapin n	Hêtre n'	Sapin	Hêtre
cm						
(15)	(56)	(76)	(80)	(66)	(— 24)	(+ 10)
20	43	57	59	33	— 16	+ 24
25	34	32	44	17	— 10 (1)	+ 15
30	30	16	32	8	— 2	+ 8 (3)
35	30	6	24	4	+ 6	÷ 2
40	32	3	18	2	÷ 14	+ 1
45	30	1	13	1	+ 17	
50	27	0	10	0	+ 17 (2)	
55	22		7		+ 15	
60	16		5		+ 11	
65	9		4		+ 5	
70	6		3		+ 3	
75	2		2			
80	1		1			
85 et plus	1		1			
Totaux..	283 S. + 115H.		223 S. + 65H.			
	460 sv + 53 sv		253 sv + 31 sv			
	513 sv		284 sv			

(1) Insuffisance de régénération en Sapin.
(2) Vieille génération équienne de Sapin.
(3) Régénération équienne de Hêtre.

qui dépassera le revenu. Intensité de coupe maxima : 85 sv à l'hectare (1/6 du matériel), moins si possible. Rotation correspondante : 7 ans (7 × 12 sv = 84).

Au point de vue de la *culture* : Recherche d'une régénération Sapin, par des coupes d'assainissement espaçant les arbres dans les bouquets denses, mais évitant d'agrandir les trouées qui se repeuplent en Hêtre. Martelage à faire porter plus sévèrement sur les catégories voisines de (50).

C) Calcul d'une *courbe d'équilibre artificiel, avec exploitabilité imposée*. — Voir le tableau ci-contre et la figure 14.

Le type III normal dans la région (Alpes) aurait une densité de 30 mètres carrés de surface terrière et une décroissance de 1,4 entre 120 perches de (15) et 1 arbre de (85). En imposant la

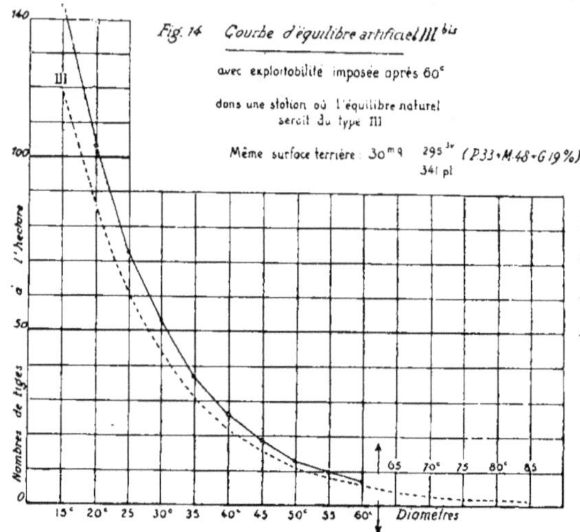

coupe de tout ce qui dépasse (60), on rend disponibles 5 mètres carrés de surface terrière, 1/6 du total, et l'on peut augmenter proportionnellement l'effectif des catégories conservées pour couvrir l'espace vide.

Le nouvel idéal commercial III *bis*, avec la même densité, va de 144 perches de (15) à 7 arbres de (60). L'arbre moyen n'a plus que 0 sv, 86 au lieu de 1 sv, 04.

On remarquera la très grande analogie de ce peuplement avec le type E, relevé en Savoie et en Dauphiné (Voir à la fin du § 20).

Courbe d'équilibre artificiel pour une forêt des Alpes :

| Catégories de diamètre | Type normal III | | Type nouveau III *bis* à exploitabilité imposée (60 c) | | | Type E, moyenne de peuplements réels de la région |
	N	Sf. terr.	N	Sf. terr.	Vol.	N
cm		mq		mq	sv	
15	(120)	2,12	(144)	2,54	»	(160)
20	86	2,70	103	3,24	27,78	119
25	61	2,99	73	3,58	33,03	75
30	44	3,11	53	3,75	36,37	54
35	31	2,98	37	3,56	37,59	39
40	22	2,76	26	3,27	37,15	28
45	16	2,55	19	3,02	36,05	19
50	11	2,16	13	2,55	31,44	13
55	8	1,90	10	2,38	29,89	8
60	6	1,70	7	1,98	25,22	5
65	4	1,33	341 pl	29,87	295 sv	1 (65^c)
70	3	1,16				1 (70^c)
75	2	0,88				0 (75^c)
80	2	1,01				362 pl
85	1	0,57				301 sv
	297 pl	29,92				
	310 sv					

Pour le Type normal III, catégories 65 à 85 : Supprimés ; à répartir 4 mq 95.

Pour le Type nouveau III *bis* : Arbre moyen $\dfrac{295}{341} = 0$ sv, 86.

§ 22. L'équilibre de la série

La méthode du contrôle, pure, ne prévoit aucune solidarité entre parcelles et ne s'inquiète pas de l'unité de la forêt, chaque parcelle étant comme une forêt indépendante, avec contrôle séparé.

Mais si ce système est satisfaisant avec des peuplements parfaitement jardinés, dont chacun reste semblable à soi-même, il peut être perfectionné pour mieux prévoir le rapport soutenu lorsque plusieurs parcelles sont anormales, c'est-à-dire ont une classe d'âge très dominante, obligeant leurs peuplements à évoluer comme des massifs semi-équiennes.

Dans ce cas, il faut se garder de tout sacrifice à des principes et de toute transformation brusquée. Il faut traiter chaque peuplement tel qu'il est, s'il est sain, et selon ses besoins présents ; c'est-à-dire, s'il est jeune, par éclaircie en donnant à ses cimes l'espacement convenable ; et s'il est mûr, en franche régénération jardinatoire.

En agissant ainsi sur chaque parcelle, il est bon de juger si l'ensemble constitue une forêt (ou *série*) équilibrée ; si l'inventaire moyen de toute la série est normal, anormal par prédominance de vieux bois avec insuffisance de régénération, ou inversement. Alors l'aménagiste pourra, avec mesure, prescrire à telle parcelle des économies qui, individuellement, ne lui seraient pas indispensables, pour compenser les réalisations qu'il doit ordonner ailleurs ; ou inversement, rendre plus hardie l'exploitation de telle parcelle pour compenser les économies provisoirement nécessaires ailleurs.

A la limite, ce système rejoint la méthode Mélard de 1894 et permet d'englober dans la série, avec des parcelles vraiment jardinées, des perchis en amélioration et un quartier bleu en régénération jardinatoire. Bien entendu la possibilité globale se détermine comme il est dit ici aux § 6 et 7.

L'objection théorique la plus forte qu'on puisse faire à la méthode du contrôle est que, l'accroissement courant variant, comme on sait, au cours de l'évolution d'un peuplement, régler sa coupe sur cet accroissement courant n'assure pas le rapport soutenu.

Il est bien clair que dans un peuplement équienne ou à forte dominante équienne, à l'état de perchis, récolter aveuglément l'accroissement courant qui est très fort, outre que ce serait un gaspillage, ne peut aboutir qu'à une chute de revenu lorsque ce peuplement, plus âgé, s'accroîtra moins vite. Il est clair aussi que dans une vieille futaie, ne récolter que l'accroissement très ralenti équivaut à tout laisser pourrir.

Mais couper là une possibilité fixe quelconque n'est pas moins absurde.

Il n'a jamais été question, au contrôle, de couper uniformément l'accroissement, sinon dans les peuplements réellement jardinés qui, par le mélange des âges, n'ont pas, ou guère, de dominante équienne et où l'accroissement courant est ainsi sensiblement égal à l'accroissement moyen.

La méthode du contrôle refuse de chercher le rapport soutenu dans une limitation des coupes à un chiffre moyen théorique calculé d'avance. Elle sait que le rapport soutenu n'est qu'une chimère si les peuplements. ne sont pas, séparément ou dans l'ensemble de la série, à l'état d'équilibre. Elle cherche à rapprocher ses peuplements de cet état de fait et consent à suivre, en attendant, ce qu'elle ne peut supprimer dans les oscillations du revenu réel.

Elle espère, bien entendu, par des soins culturaux, améliorer le rendement et atténuer ainsi les oscillations fâcheuses ; elle voit d'ailleurs, dans une forêt assez grande et variée, s'établir des compensations entre peuplements à des degrés différents d'évolution ; elle réagit, lorsqu'il n'en est pas ainsi, par les économies ou les réalisations visiblement raisonnables. Mais elle veut discuter directement celles-ci en comparant les trois données positives : l'accroissement courant. l'état présent, l'état idéal.

Telle est pour elle l'importance de connaître l'état idéal. Que cet état n'ait rien de mystérieux, qu'il soit possible de l'étudier objectivement et, par les conditions d'équilibre, de le préciser assez pour la pratique, c'était l'un des buts de ce petit livre de le faire comprendre : car nous ne savons pas d'autre moyen de voir clair dans le traitement d'une forêt jardinée.

ANNEXES

SAPINIÈRES

ANNEXE I

POUR TRANSPOSER UN INVENTAIRE

de 20 centimètres de CIRCONFÉRENCE *en 5 centimètres de* DIAMÈTRE, *prenez* :

[= 0,53 de l'effectif des (40ᶜ) de circonfér. et 0,25 de l'effectif des (60ᶜ) de circonfér.]

Catégories

	cm			cm		cm
Pour	15	de diamètre......	0,53	(40) + 0,25		(60)
	20	»	0,75	(60) ¬ 0,03		(80)
	25	»	0,79	(80)		
	30	»	0,18	(80) ÷ 0,61		(100)
	35	»	0,39	(100) ÷ 0,40		(120)
	40	»	0,60	(120) + 0,19		(140)
	45	»	0,78	(140)		
	50	»	0,03	(140) ÷ 0,75		(160)
	55	»	0,25	(160) + 0,53		(180)
	60	»	0,47	(180) + 0,32		(200)
	65	»	0,68	(200) + 0,11		(220)
	70	»	0,78	(220)		
	75	»	0,11	(220) + 0,67		(240)
	80	»	0,33	(240) + 0,46		(260)
	85	»	0,54	(260) ÷ 0,25		(280)
	90	»	0,75	(280) + 0,03		(300)
	95	»	0,78	(300)		
	100	»	0,19	(300) · 0,60		(320)

ANNEXE II

POUR TRANSPOSER UN INVENTAIRE

de 5 centimètres de DIAMÈTRE *en 20 centimètres de* CIRCONFÉRENCE, *prenez* :

Catégories

	cm			cm		cm
Pour	40	de circonférence......	x	(10) + 0,68 de l'effectif des (15) de diamètre		
	60	»	0,32	(15) + 0,96 (20)		
	80	»	0,04	(20) + tous les (25) + 0,22 (30)		
	100	»	0,78	(30) + 0,50 (35)		
	120	»	0,50	(35) + 0,76 (40)		
	140	»	0,24	(40) + tous les (45) + 0,04 (50)		
	160	»	0,96	(50) + 0,32 (55)		
	180	»	0,68	(55) + 0,60 (60)		
	200	»	0,40	(60) + 0,86 (65)		
	220	»	0,14	(65) + tous les (70) + 0,14 (75)		
	240	»	0,86	(75) + 0,42 (80)		
	260	»	0,58	(80) + 0,68 (85)		
	280	»	0,32	(85) + 0,96 (90)		
	300	»	0,04	(90) + tous les (95) + 0,24 (100)		
	320	»	0,76	(100) + 0,50 (105)		

ANNEXE III

LE TARIF AU SYLVE

Correspondance des circonférences aux diamètres.
Gain en volume pour grossissement de 1 millimètre de diamètre.

Circonférences	Diamètres	Volumes sv	Gain p. 1^{mm} sv.	Cf.	D.	Vol. sv	Gain p. 1^{mm} sv
cm	cm			cm	cm		
20	6,4	0,01100	»	180	57,3	3,26542	0,01226
30	9,6	0,042	»	188,6	60	3,60329	0,01272
31,4	10	0,04746	»	190	60,5	3,669	»
40	12,7	0,09000	0,00180	200	63,6	4,08000	0,01332
47,2	15	0,13554	0,00221	204,3	65	4,25944	0,01351
50	15,9	0,157	»	210	66,8	4,506	»
60	19,1	0,24200	0,00299	219,9	70	4,95329	0,01423
62,8	20	0,26974	0,00316	220	70,03	4,95730	0,01423
70	22,3	0,348	»	230	73,2	5,414	»
78,6	25	0,45248	0,00416	235,7	75	5,68121	0,01487
80	25,5	0,47200	0,00425	240	76,4	5,88979	0,01504
90	28,6	0,616	»	250	79,6	6,370	»
94,4	30	0,68619	0,00582	251,4	80	6,43953	0,01545
100	31,8	0,78500	0,00625	260	82,8	6,86993	0,01573
110	35	1,01602	0,00698	266,8	85	7,22462	0,01594
120	38,2	1,27334	0,00842	270	85,9	7,370	»
126,0	40	1,42884	0,00883	280	89,1	7,89018	0,01630
130	41,3	1,546	»	282,7	90	8,03281	0,01637
140	44,5	1,85455	0,00982	290	92,3	8,402	»
141,5	45	1,89764	0,00991	298,3	95	8,86046	0,01672
150	47,7	2,175	»	300	95,5	8,94300	0,01675
157,3	50	2,41874	0,01088	310	98,7	9,478	»
160	50,9	2,52109	0,01110	314,2	100	9,70392	0,01702
170	54,1	2,882	»	320	101,9	10,02086	»
172,8	55	2,98851	0,01186				

d'après le Barême du Tarif conventionnel unique par H. Biolley, H. de Blonay, H. Jobez.

SAPINIÈRES

ANNEXE IV

Le tarif au sylve
par centimètres de diamètre.

Diamètres	Volumes	Diamètres	Volumes	Diamètres	Volumes
cm	sv	cm	sv	cm	sv
10	0,04746	41	1,518	72	5,239
11	0,062	42	1,610	73	5,385
12	0,078	43	1,704	74	5,532
13	0,095	44	1,800	75	5,68121
14	0,114	45	1,89764	76	5,831
15	0,13554	46	1,999	77	5,982
16	0,159	47	2,101	78	6,134
17	0,184	48	2,205	79	6,286
18	0,210	49	2,311	80	6,43953
19	0,237	50	2,41874	81	6,585
20	0,26974	51	2,528	82	6,745
21	0,303	52	2,640	83	6,905
22	0,338	53	2,754	84	7,064
23	0,375	54	2,870	85	7,22462
24	0,413	55	2,98851	86	7,385
25	0,45248	56	3,109	87	7,547
26	0,494	57	3,230	88	7,708
27	0,539	58	3,353	89	7,870
28	0,585	59	3,477	90	8,03281
29	0,634	60	3,60329	91	8,196
30	0,68619	61	3,730	92	8,360
31	0,741	62	3,859	93	8,525
32	0,801	63	3,990	94	8,692
33	0,867	64	4,123	95	8,86046
34	0,939	65	4,25944	96	9,028
35	1,01602	66	4,396	97	9,196
36	1,096	67	4,534	98	9,365
37	1,177	68	4,673	99	9,534
38	1,259	69	4,813	100	9,70392
39	1,343	70	4,95329		
40	1,42884	71	5,095		
41	1,518	72	5,239		

Multiplication est réduite à une Addition simple : le cube de 739 plantes de 1m20 de [circonférence.]

    700 = 891,338
     30 = 38,200 2
      9 = 11,460 06
          ——————
         640,998 26

TARIF CONVENTIONNEL OU D'AMÉNAGEMENT

Extrait du Barème en Silves
(Cube de 1 à 9 à plusieurs Décimales)

Pour passer du Cube *Silve* à tout autre cubage local on multiplie les *Silves* par le *Facteur de Correction*.

Le *Facteur de Correction* est le rapport entre le chiffre trouvé avec les mesures prises au cubage lors d'une exploitation et le nombre de Silves

C'est la valeur du Silve : des arbres considérés au moment de l'exploitation dans cette localité

Si 73 plantes cubant 94^mc ont été mesurées à 1.410 pieds cubes $\frac{1410}{94} = 15$
Le Silve vaut 15 p. c.
15 est le *facteur de correction* du Silve en pieds cubes

DIAMÈTRE

Facultative — Classe des Petits

Nombre	0,15	0,20	0,25	0,30
1	0,135 54	0,269 74	0,452 48	0,686 19
2	0,271 08	0,539 48	0,904 96	1,372 38
3	0,406 63	0,809 22	1,357 44	2,058 57
4	0,542 16	1,078 96	1,809 92	2,744 76
5	0,677 70	1,348 70	2,262 40	3,430 95
6	0,813 24	1,618 44	2,714 88	4,117 14
7	0,948 78	1,888 18	3,167 36	4,803 33
8	1,084 32	2,157 92	3,619 84	5,489 52
9	1,219 85	2,427 66	4,072 32	6,175 71

Classe des Moyens

Nombre	0,35	0,40	0,45	0,50
1	1,016 02	1,428 84	1,897 64	2,418 74
2	2,032 04	2,857 68	3,795 28	4,837 48
3	3,048 06	4,286 52	5,692 92	7,256 22
4	4,064 08	5,715 36	7,590 56	9,674 96
5	5,080 10	7,144 20	9,488 20	12,093 70
6	6,096 12	8,573 04	11,385 84	14,512 44
7	7,112 14	10,001 88	13,283 48	16,931 18
8	8,128 16	11,430 72	15,181 12	19,349 92
9	9,144 18	12,859 56	17,078 76	21,768 66

Classe des Gros

Nombre	0,55	0,60	0,65
1	2,988 51	3,603 29	4,259 44
2	5,977 02	7,206 58	8,518 88
3	8,965 53	10,809 87	12,778 32
4	11,954 04	14,413 16	17,037 76
5	14,942 55	18,016 45	21,297 20
6	17,931 06	21,619 74	25,556 64
7	20,919 57	25,223 03	29,816 08
8	23,908 08	28,826 32	34,075 52
9	26,896 59	32,429 61	38,334 96

Classe des Gros (suite)

Nombre	0,70	0,75	0,80	0,85	0,90	0,95
1	4,953 29	5,681 21	6,439 6	7,224 6	8,03	8,86
2	9,906 58	11,362 42	12,879 1	14,449 2	16,07	17,72
3	14,859 87	17,043 63	19,318 6	21,673 9	24,10	26,58
4	19,813 16	22,724 84	25,758 1	28,898 5	32,13	35,44
5	24,766 45	28,406 05	32,197 6	36,123 1	40,16	44,30
6	29,719 74	34,087 26	38,637 2	43,347 7	48,20	53,16
7	34,673 03	39,768 47	45,076 7	50,572 3	56,23	62,02
8	39,626 32	45,449 68	51,516 2	57,797 0	64,26	70,88
9	44,579 61	51,130 89	57,955 8	65,021 6	72,30	79,74

Classe des Gros (suite)

Nombre	1,00	1,05	1,10	1,15
1	9,70	10,56	11,42	12,29
2	19,40	21,12	22,83	24,58
3	29,11	31,68	34,27	36,88
4	38,82	42,24	45,69	49,17
5	48,52	52,80	57,12	61,46
6	58,22	63,35	68,54	73,76
7	67,93	73,92	79,97	86,05
8	77,63	84,48	91,38	98,34
9	87,34	95,04	102,81	110,63

Nombre	1,20	1,25	1,30
1	13,16	14,03	14,89
2	26,33	28,06	29,78
3	39,49	42,09	44,68
4	52,65	56,12	59,57
5	65,81	70,15	74,46
6	78,98	84,18	89,35
7	92,14	98,21	104,25
8	105,30	112,24	119,14
9	118,47	126,27	134,03

CIRCONFÉRENCE

Classe des Petits

Nombre	0,60	0,80	1,00
1	0,242	0,472	0,785
2	0,484	0,944	1,570
3	0,726	1,416	2,355
4	0,968	1,888	3,140
5	1,210	2,360	3,925
6	1,452	2,832	4,710
7	1,694	3,304	5,495
8	1,936	3,776	6,280
9	2,178	4,248	7,065

Classe des Moyens

Nombre	1,20	1,40	1,60
1	1,273 34	1,854 35	2,531 09
2	2,546 68	3,709 10	5,042 18
3	3,820 02	5,563 65	7,563 27
4	5,093 36	7,418 20	10,084 36
5	6,366 70	9,272 75	12,605 45
6	7,640 04	11,127 30	15,126 54
7	8,913 38	12,981 85	17,647 63
8	10,186 72	14,836 40	20,168 72
9	11,460 06	16,690 95	22,689 81

Classe des Gros

Nombre	1,80	2,00	2,30
1	3,265 42	4,08	4,957 3
2	6,530 84	8,16	9,914 6
3	9,796 26	12,24	14,871 9
4	13,061 68	16,32	19,829 2
5	16,327 10	20,40	24,786 5
6	19,592 52	24,48	29,743 8
7	22,857 94	28,56	34,701 1
8	26,123 36	32,64	39,658 4
9	29,388 78	36,72	44,615 7

Nombre	2,40	2,60	2,80	3,00	3,20	3,40
1	5,890	6,87	7,89	8,94	10,02	11,12
2	11,780	13,74	15,78	17,89	20,04	22,23
3	17,669	20,61	23,67	26,83	30,06	33,35
4	23,559	27,48	31,56	35,77	40,08	44,46
5	29,449	34,35	39,45	44,71	50,10	55,58
6	35,339	41,22	47,34	53,65	60,12	66,70
7	41,229	48,09	55,23	62,60	70,15	77,81
8	47,118	54,96	63,12	71,54	80,17	88,93
9	53,008	61,83	71,01	80,49	90,19	100,05

Nombre	3,60	3,80	4,00
1	12,22	13,33	14,43
2	24,44	26,66	28,86
3	36,66	39,99	43,30
4	48,89	53,32	57,73
5	61,11	66,65	72,16
6	73,33	79,98	86,59
7	85,55	93,31	101,02
8	97,77	106,63	115,46
9	109,99	119,96	129,89

Le Tarif conventionnel unique, ou Tarif au Silve, est un tarif d'aménagement et non d'estimation. Le Tarif d'estimation a en vue le seul *état présent* de la forêt, considéré en lui-même comme un fait isolé auquel s'attache surtout la notion de valeur, sans lien avec le passé ni avec le futur, le tarif d'aménagement a en vue la succession de ces états, et établit entre eux un lien. L'aménagement n'est pas autre chose que la *statistique* de la forêt organisée dans le but d'*éclairer le traitement*. Il devrait donc avoir pour base des relevés faits selon des procédés *uniformes* ; le plus essentiel serait l'adoption de tarif invariable. On ne devrait pas plus se permettre de changer de tarif en aménagement qu'on ne se permet de changer d'unité de comptabilité dans une maison de commerce ; si, aux variations de la forêt viennent s'ajouter les variations de tarif, il faut renoncer à y rien voir.

Tarifs d'estimation ou tarifs d'aménagement n'auront jamais de *rapport constant* entre leurs unités. Un tarif ne pourra jamais faire l'emploi d'une *table de cubage*.

Dans l'espoir de contribuer à la suppression de ces confusions, les auteurs du présent tarif ont tenu à marquer clairement le caractère de convention qu'a, avec lui, toute idée de volume appliquée à des corps qu'on ne mesure pas mathématiquement. Comme ils l'emploient pour toutes les espèces et dans des forêts très diverses, ils ont joint à son titre l'épithète de unique. Généralisé, l'emploi de ce tarif aurait l'avantage de permettre les comparaisons de pays à pays.

Enfin, pour ne pas donner le nom d'un objet concret, géométriquement défini, tel qu'est le mètre cube, à une unité abstraite, de convention, ils ont donné à celle de leur tarif celui du Silve, ou étalon de comparaison forestière.

Tiré de la Note d'H. BIOLLEY.

Couvet, Janvier 1905.

(2400 ex. 0-2 1905.)

Alverny, « La Marchande » à Gagnières, Gard.

Cet *Extrait* est en vente chez les GÉRANTS DE LA SOCIÉTÉ DU CONTRÔLE, Jean BIOLLEY, à Vallorbes (Suisse), Chèques Postaux [...]. — 1 fr. Suisse
et Émile ROMAND, à Chatel-de-Joux par Clairvaux (Jura), Chèques Postaux 4835 Dijon. — 5 fr. Français.

ANNEXE V (encartage)

EXTRAIT DU BARÊME DU TARIF EN SYLVES
pour 1, 2... 9 unités, par diamètres ET *par circonférences*

Feuille détachée pouvant être emportée en forêt.

En vente en France chez M. E. Romand, à Châtel-de-Joux par Clairvaux (Jura).
Chèque postal n° 4.835 Dijon, au prix de 5 francs franco.

En Suisse chez M. J. Biolley à Vallorbe (canton de Vaud) : 1 franc suisse.

Chez les mêmes :

Barême du tarif conventionnel unique par MM. H. de Blonay, H. Biolley et H. Jobez,
édition complète de 1 à 1.000 pieds d'arbres, par diamètres OU par circonférences, relié,
format 12 c. × 25 c. Prix . 25 francs français ou 5 francs suisses.

ANNEXE VI

TARIFS ALGAN

(Extrait du Bulletin de la Société forestière de Franche-Comté et Belfort, juin 1901).

Dia-mètres	Tarifs nos										
	5	6	7	8	9	10	11	12	13	14	15
cm	mc	mc	mc	mc	mc	mc	mc	mc	mc	mc	mc
20	0,15	0,15	0,2	0,2	0,2	0,2	0,2	0,25	0,25	0,25	0,3
25	0,3	0,3	0,4	0,4	0,4	0,4	0,4	0,5	0,5	0,5	0,6
30	0,5	0,5	0,6	0,6	0,6	0,7	0,7	0,8	0,8	0,8	0,9
35	0,7	0,8	0,9	0,9	0,9	1,0	1,0	1,1	1,2	1,2	1,3
40	1,0	1,1	1,2	1,2	1,3	1,4	1,4	1,5	1,6	1,7	1,8
45	1,3	1,4	1,5	1,6	1,7	1,8	1,9	2,0	2,1	2,2	2,3
50	1,7	1,8	1,9	2,1	2,2	2,3	2,5	2,6	2,7	2,8	3,0
55	2,1	2,3	2,4	2,6	2,8	2,9	3,1	3,3	3,4	3,6	3,8
60	2,6	2,8	3,0	3,2	3,4	3,6	3,8	4,0	4,2	4,4	4,6
65	3,1	3,4	3,6	3,8	4,1	4,3	4,5	4,8	5,0	5,3	5,5
70	3,7	4,0	4,2	4,5	4,8	5,1	5,3	5,6	5,9	6,2	6,5
75	4,3	4,6	4,9	5,2	5,6	5,9	6,2	6,5	6,9	7,2	7,6
80	4,9	5,3	5,6	6,0	6,4	6,7	7,1	7,5	7,9	8,3	8,7
85	5,6	6,0	6,4	6,8	7,2	7,6	8,1	8,5	9,0	9,4	9,9
90	6,3	6,8	7,2	7,7	8,1	8,6	9,1	9,6	10,1	10,6	11,1
95	7,0	7,6	8,1	8,6	9,1	9,7	10,2	10,8	11,3	11,9	12,4
100	7,8	8,4	9,0	9,6	10,2	10,8	11,4	12,0	12,6	13,2	13,8

Ces tarifs sont multiples du nº 10, le volume de l'arbre de (45 c) de diamètre variant de 0 mc, 1 d'un tarif au suivant ; celui de (60 c) de 0 mc, 2 ; celui de (100 c) de 0 mc, 6.

ANNEXE VII

Table des grossissements en sylves d'un arbre par an.

Pour les temps de passage de :	Pour les catégories de DIAMÈTRE de :																	
	15	20	25	30	35	40	45	50	55	60	65	70	75	80	85	90	95	100
Années	sv	sv	sv	sv	sv	sv	sv	sv	sv	sv	sv	sv	sv	sv	sv	sv	sv	sv
5	0,022	0,032	0,042	0,058	0,076	0,088	0,099	0,109	0,119	0,127	0,135	0,142	0,149	0,154	0,159	0,164	0,167	0,170
6	0,018	0,026	0,035	0,049	0,058	0,074	0,083	0,091	0,099	0,106	0,113	0,119	0,124	0,129	0,133	0,136	0,139	0,142
7	0,016	0,023	0,030	0,042	0,050	0,063	0,071	0,078	0,085	0,091	0,097	0,102	0,106	0,110	0,114	0,117	0,119	0,122
8	0,014	0,020	0,026	0,036	0,044	0,055	0,062	0,068	0,074	0,080	0,084	0,089	0,093	0,097	0,100	0,102	0,105	0,107
9	0,012	0,018	0,023	0,032	0,039	0,049	0,055	0,060	0,066	0,071	0,075	0,079	0,083	0,086	0,089	0,091	0,093	0,095
10	0,011	0,016	0,021	0,029	0,035	0,044	0,050	0,054	0,059	0,064	0,068	0,071	0,074	0,077	0,080	0,082	0,084	0,085
11	0,010	0,014	0,019	0,026	0,032	0,040	0,045	0,049	0,054	0,058	0,062	0,065	0,068	0,070	0,072	0,074	0,076	0,077
12	0,009	0,013	0,017	0,024	0,029	0,037	0,041	0,045	0,049	0,053	0,056	0,059	0,062	0,064	0,066	0,068	0,070	0,071
13	0,009	0,012	0,016	0,022	0,027	0,034	0,038	0,042	0,046	0,049	0,052	0,055	0,057	0,059	0,061	0,063	0,064	0,065
14	0,008	0,011	0,015	0,021	0,025	0,032	0,035	0,039	0,042	0,045	0,048	0,051	0,053	0,055	0,057	0,058	0,060	0,061
15	0,007	0,011	0,014	0,019	0,023	0,029	0,033	0,036	0,040	0,042	0,045	0,047	0,050	0,052	0,053	0,055	0,056	0,057
20	0,005	0,008	0,010	0,015	0,017	0,022	0,025	0,027	0,030	0,032	0,034	0,036	0,037	0,039	0,040	0,041	0,042	0,043
25	0,004	0,006	0,008	0,012	0,014	0,018	0,020	0,022	0,024	0,025	0,027	0,028	0,030	0,031	0,032	0,033	0,033	0,034

ANNEXE VIII|

Table des grossissements en sylves d'un arbre par an

Pour les temps de passage sur 5 cm Diam de	pour les catégories de CIRCONFÉRENCE de													
	40	60	80	100	120	140	160	180	200	220	240	260	280	300
années	sv	sv	sv	sv	sv	sv	sv	sv	sv	sv	sv	sv	sv	sv
5	0,018	0,030	0,043	0,063	0,084	0,098	0,111	0,123	0,133	0,142	0,150	0,157	0,163	0,168
6	0,015	0,025	0,035	0,052	0,070	0,082	0,093	0,102	0,111	0,119	0,125	0,131	0,136	0,140
7	0,013	0,021	0,030	0,045	0,060	0,070	0,079	0,088	0,095	0,102	0,107	0,112	0,116	0,120
8	0,011	0,019	0,027	0,039	0,053	0,061	0,069	0,077	0,083	0,089	0,094	0,098	0,102	0,105
9	0,010	0,017	0,024	0,035	0,047	0,055	0,062	0,068	0,074	0,079	0,084	0,087	0,091	0,093
10	0,009	0,015	0,021	0,031	0,042	0,049	0,056	0,061	0,067	0,071	0,075	0,079	0,082	0,084
11	0,008	0,014	0,019	0,028	0,038	0,045	0,050	0,056	0,061	0,065	0,068	0,072	0,074	0,076
12	0,008	0,012	0,018	0,026	0,035	0,041	0,046	0,051	0,056	0,059	0,063	0,066	0,068	0,070
13	0,007	0,012	0,016	0,024	0,032	0,038	0,043	0,047	0,051	0,055	0,058	0,061	0,063	0,064
14	0,006	0,011	0,015	0,022	0,030	0,035	0,040	0,044	0,048	0,051	0,054	0,056	0,058	0,060
15	0,006	0,010	0,014	0,021	0,028	0,033	0,037	0,041	0,044	0,047	0,050	0,052	0,054	0,056
20	0,005	0,007	0,011	0,016	0,021	0,024	0,028	0,031	0,033	0,036	0,038	0,039	0,041	0,042
25	0,004	0,006	0,009	0,013	0,017	0,020	0,022	0,025	0,027	0,028	0,030	0,031	0,033	0,034

N.-B : Ces temps de passage sont ceux nécessaires pour grossir de 5 centimètres *de diamètre*, ou le nombre de veines comprises dans 25 millimètres de rayon. Ce ne sont pas les temps de passage d'une catégorie de circonférence.

ANNEXE IX

Gains en volume pour promotion d'une catégorie (DIAMÈTRES).

de 20 cm à 25 cm......	o sv 183	de 60 cm à 65 cm..... o sv 656
de 25 cm à 30 cm......	o , 234	de 65 cm à 70 cm..... o , 694
de 30 cm à 35 cm......	o , 330	de 70 cm à 75 cm..... o , 728
de 35 cm à 40 cm......	o , 413	de 75 cm à 80 cm..... o , 758
de 40 cm à 45 cm......	o , 469	de 80 cm à 85 cm..... o , 785
de 45 cm à 50 cm......	o , 521	de 85 cm à 90 cm..... o , 808
de 50 cm à 55 cm......	o , 570	de 90 cm à 95 cm..... o , 828
de 55 cm à 60 cm......	o , 615	de 95 cm à 100 cm..... o , 843

ANNEXE X

Gains en volume pour promotion d'une catégorie (CIRCONFÉRENCES).

de 60 cm à 80 cm....	o sv 230	de 200 cm à 220 cm.... o sv 877
de 80 cm à 100 cm....	o , 313	de 220 cm à 240 cm.... o , 932
de 100 cm à 120 cm....	o , 488	de 240 cm à 260 cm.... o , 980
de 120 cm à 140 cm....	o , 581	de 260 cm à 280 cm.... 1 , 020
de 140 cm à 160 cm....	o , 667	de 280 cm à 300 cm.... 1 , 053
de 160 cm à 180 cm....	o , 744	de 300 cm à 320 cm.... 1 , 078
de 180 cm à 200 cm....	o , 815	

SAPINIÈRES

ANNEXE XI

Barême des surfaces terrières par DIAMÈTRES.

Catég.	15	20	25	30	35	40	45	50	55
pour	mq	mq	mq	mq	mq	mq	mq	mq	mq
1....	0,017672	0,031416	0,049087	0,070686	0,096211	0,125664	0,159043	0,196350	0,237583
2....	0,0353	0,0628	0,0982	0,1414	0,1924	0,2513	0,3181	0,3927	0,4752
3....	0,0530	0,0943	0,1473	0,2121	0,2886	0,3770	0,4771	0,5891	0,7127
4....	0,0707	0,1257	0,1964	0,2827	0,3848	0,5027	0,6362	0,7854	0,9503
5....	0,0884	0,1571	0,2454	0,3534	0,4811	0,6283	0,7952	0,9818	1,1879
6....	0,1060	0,1885	0,2945	0,4241	0,5773	0,7540	0,9543	1,1781	1,4255
7....	0,1237	0,2199	0,3436	0,4948	0,6735	0,8796	1,1133	1,3745	1,6631
8....	0,1414	0,2513	0,3927	0,5655	0,7697	1,0053	1,2723	1,5708	1,9007
9....	0,1590	0,2827	0,4418	0,6362	0,8659	1,1310	1,4314	1,7672	2,1382

Catég.	60	65	70	75	80	85	90	95	100
pour	mq	mq	mq	mq	mq	mq	mq	mq	mq
1....	0,282743	0,331831	0,384845	0,441786	0,502655	0,567450	0,636172	0,708822	0,785398
2....	0,5655	0,6637	0,7697	0,8836	1,0053	1,1349	1,2723	1,4176	1,5708
3....	0,8482	0,9955	1,1545	1,3254	1,5080	1,7024	1,9085	2,1265	2,3562
4....	1,1310	1,3273	1,5394	1,7671	2,0106	2,2698	2,5447	2,8353	3,1416
5....	1,4137	1,6592	1,9242	2,2089	2,5133	2,8373	3,1809	3,5441	3,9270
6....	1,6965	1,9910	2,3091	2,6507	3,0159	3,4047	3,8170	4,2529	4,7124
7....	1,9792	2,3228	2,6939	3,0925	3,5186	3,9722	4,4532	4,9618	5,4978
8....	2,2619	2,6546	3,0788	3,5343	4,0212	4,5396	5,0894	5,6706	6,2832
9....	2,5447	2,9865	3,4636	3,9761	4,5239	5,1071	5,7255	6,3794	7,0686

ANNEXE XII

Barème des surfaces terrières, par CIRCONFÉRENCES.

Catég.	40	60	80	100	120	140	160
	mq	mq	mq	mq	mq	mq	mq
pour 1	0,012732	0,028648	0,050930	0,079577	0,114592	0,155972	0,203718
2	0,0255	0,0573	0,1019	0,1592	0,2292	0,3119	0,4074
3	0,0382	0,0859	0,1528	0,2387	0,3438	0,4679	0,6112
4	0,0509	0,1146	0,2037	0,3183	0,4584	0,6239	0,8149
5	0,0637	0,1432	0,2546	0,3979	0,5730	0,7799	1,0186
6	0,0764	0,1719	0,3056	0,4775	0,6876	0,9358	1,2223
7	0,0891	0,2005	0,3565	0,5570	0,8021	1,0918	1,4260
8	0,1019	0,2292	0,4074	0,6366	0,9167	1,2478	1,6298
9	0,1146	0,2578	0,4584	0,7162	1,0313	1,4037	1,8335

Catég	180	200	220	240	260	280	300
	mq	mq	mq	mq	mq	mq	mq
pour 1	0,257831	0,318310	0,385155	0,458366	0,537944	0,623887	0,716993
2	0,5157	0,6366	0,7703	0,9167	1,0759	1,2478	1,4340
3	0,7735	0,9549	1,1555	1,3751	1,6138	1,8717	2,1510
4	1,0313	1,2732	1,5406	1,8334	2,1518	2,4955	2,8680
5	1,2892	1,5915	1,9258	2,2918	2,6897	3,1194	3,5850
6	1,5470	1,9099	2,3109	2,7502	3,2276	3,7433	4,3020
7	1,8048	2,2282	2,6961	3,2085	3,7656	4,3672	5,0190
8	2,0626	2,5465	3,0812	3,6669	4,3035	4,9911	5,7359
9	2,3205	2,8648	3,4664	4,1253	4,8415	5,6150	6,4529

Sapinières.

7

TABLE DES MATIÈRES

TABLE DES FIGURES

ANNEXES